La femme de Caïn n'était ni sa sœur ni son apparentée

Une vérité qui dérange, à ne pas manquer.

Jean Robert Revolus

Jean Robert Revolus

Droits d'auteur © 2022 Par Jean Robert Revolus

Tous les droits sont réservés.

Aucune partie de ce livre ne peut être reproduite sous quelque forme que ce soit sans l'autorisation écrite de l'éditeur ou de l'auteur, sauf dans la mesure permise par la loi américaine sur le droit d'auteur.

CONTENTS

La Femme de Caïn n'était ni sa Sœur ni son Apparentée	1
Dédicace	2
Reconnaissance	5
CONTENU	7
A propos de l'Auteur	10
Préface	14
1. Introduction	21
2. Adam and Ève	33
3. L'existence d'Adam et Ève	43
4. Caïn et Abel	55
5. Sacrifice	65

6. Le premier meurtre du monde	80
7. Expulsion	100
8. Symbole ou Réalité ?	112
9. La Femme de Caïn : Sœur ou Étrangère ?	135
10. Terre de Nod & Le Châtiment de Caïn	153
11. Nièce ou Sœur ?	167
12. Bibliographie	183

La femme de Caïn n'était ni sa sœur ni son apparentée

Une vérité qui dérange, à ne pas manquer.

VOLUME I

DÉDICACE

Veuillez reconnaître le rôle de mon ***Dieu, Le Seul Saint***, qui m'a inspiré tant des excellentes informations pour transmettre cette vérité gênante à tout le monde.

Le livre est dédié à tous ceux qui souhaitent en savoir plus sur la révélation concernant la femme qui a vécu à l'Est d'Éden et qui a ensuite épousé Caïn. Par conséquent, la vérité a bien été révélée. Le livre est divisé en deux volumes.

LA FEMME DE CAÏN N'ÉTAIT...

Je voudrais exprimer ma sincère gratitude à Max Pierre et Evens Paul pour avoir soutenu mon idée et m'avoir inspiré à développer ce livre, même s'ils n'étaient pas entièrement d'accord avec les concepts. Je suis ravi de remercier le Psychologue Denet Alexandre, Dr Daniel Allonce, Frantz Celestin, Ebby Chery, Jhonny Jean et son épouse Junie C. Jean, Christophe Beauvais, Yolaine Prophete Jean, Marie Florence Aupont, et tous mes amis qui ont cru et compris la valeur de mon travail d'écrivain avec un esprit curieux. De plus, « ***La femme de Caïn n'était ni sa sœur ni sa apparentée*** » est une dédicace à tous ceux qui me passionnent. Certains des noms les plus connus dans le domaine sont Ma Mère : Isemelia Jean-Charles, ma femme, mes enfants et mon beau fils

Rochard Arsher Revolus que je reverrai après avoir passé seulement huit mois avec moi. Et je tiens également à remercier tous mes frères, sœurs, cousins, famille, y compris ceux qui prévoient de me soutenir en achetant ce livre.

RECONNAISSANCE

Merci à tous ceux dont le temps et l'expertise ont contribué à rendre ce volume possible. J'ai le plaisir de vous annoncer que nous ne l'avons pas terminé sans votre aide. Ceux qui ont partagé leur expertise, leurs connaissances et leur expérience pour mener à bien ce projet n'auraient pas pu le réaliser sans leur aide. Je profite de l'occasion pour remercier tous les lecteurs d'avoir pris le temps de lire ce livre. Il me fera plaisir de leur exprimer notre sincère gratitude.

J'apprécie grandement votre diligence dans l'accomplissement de cette tâche. Il y a plusieurs avantages associés à la science et à la religion, mais les avantages de ces deux disciplines ne doivent pas être interprétés comme une négation de leurs avantages. De plus, il ne nie pas l'existence de la femme de Caïn, la création de l'univers et l'âge du premier être humain. Indépendamment de ce que nous ressentons ou de ce que nous croyons, nous pouvons avoir un impact positif sur notre environnement et sur tous ceux avec qui nous entrons régulièrement en contact.

CONTENU

Dédicace

Reconnaissance

A propos de l'Auteur

Préface

Chapitre 1

Introduction

Chapitre 2

Adam and Ève

Chapitre 3

L'existence d'Adam et Ève

Chapitre 4

Caïn et Abel

Chapitre 5

Sacrifice

Chapitre 6

Le premier meurtre du monde

Chapitre 7

Expulsion

Chapitre 8

Symbole ou Réalité ?

Chapitre 9

La Femme de Caïn : Sœur ou Étrangère ?

Chapitre 10

Terre de Nod & Le châtiment de Caïn

LA FEMME DE CAÏN N'ÉTAIT... 9

Chapitre 11

Nièce ou Sœur ?

Bibliographie

A PROPOS DE L'AUTEUR

Jean Robert Revolus doit être admiré pour ses réalisations remarquables qui sont tout simplement extraordinaires. En tant que chrétien fervent, mari dévoué et père dévoué et enthousiaste de quatre enfants, il dit que Dieu est au centre de sa vie. Jean Robert Revolus a obtenu un diplôme en commerce de l'Université technique du Colorado. Il a également obtenu un baccalauréat ès sciences en administration des affaires avec une spécialisation en technologie de l'information de l'Université technique du Colorado.

En plus de sa grande variété d'expériences, Jean Robert est une personne complète. Il mélange habilement bon sens et logique pour naviguer dans les domaines de la science, de la religion, de la philosophie et de la psychanalyse. Tout au long de sa carrière, Jean Robert s'est efforcé de s'imposer comme un auteur crédible et un chercheur distingué.

Individu polyvalent et entreprenant, Jean Robert Revolus a fondé REVOLUS, LLC, une entreprise spécialisée dans le marketing des médias sociaux avec traduction automatique des langues pour faciliter la communication mondiale. De plus, il est le chef de projet principal de l'entreprise. Il s'efforce de faire tout cela, tout en poursuivant avec passion sa carrière d'écrivain professionnel, un travail qu'il entreprend avec enthousiasme et persévérance. Au départ, on pourrait supposer que Jean Robert n'a pas beaucoup de temps à consacrer à d'autres activités que son travail. En réalité, rien ne pourrait être plus éloigné de la vérité. Ses hobbies sont illimités. Les activités comprennent le chant, l'écriture créative et la performance.

Mon humble avis est que Jean Robert Revolus possède des talents impressionnants ; s'il continue dans cette voie, il sera une force avec laquelle il faudra compter à l'avenir. Outre son style d'écriture prolifique, il possède un style unique qui fera de lui une personnalité publique distinguée de son temps. Il y a trois thèmes principaux dans ces livres : la femme de Caïn n'était ni sa sœur ni un parent, l'égalité des femmes et la légitimité de l'élection présidentielle de 2016.

PRÉFACE

C'EST DANS NOTRE NATURE humaine d'être curieux depuis la naissance, altéré d'apprendre et d'acquérir une compréhension globale de tout. Il peut y avoir des différences dans nos styles vestimentaires et nos préférences alimentaires, mais il y a certaines choses que nous partageons tous en commun. Dans notre esprit, c'est la question que nous nous posons tous concernant la création de l'univers. En raison de notre désir de découvrir quand et comment tout a commencé, nous sommes également curieux de connaître le moment exact de l'histoire où tout a commencé. Ne serait-il pas intéressant pour nous tous de comprendre comment le monde fonctionne du point de vue de la science, de la religion, des émotions et de la spiritualité ?

En conséquence, on peut conclure que des questions ont l'aptitude de pousser quelqu'un à travailler avec diligence pour trouver une réponse. Il y avait une question que Stephen Hawking a posée ; il voulait connaître la théorie de tout et savoir où il en était avec cette petite question.

Telles sont les questions qui nous lient. Sur YouTube, vous trouverez des milliers de vidéos concernant le travail de Yuval Noah Harari et David Eagleman, deux des plus grands experts mondiaux dans leurs domaines respectifs. Nous avons tous examiné et évalué de nombreux livres différents sur les origines humaines et la théorie du Big Bang, c'est pourquoi il y a tant de livres disponibles.

En tant qu'êtres humains, nous sommes empêtrés dans plusieurs chaînes, y compris les relations culturelles, religieuses, sociales et même personnelles. Notre système de croyance est basé sur les choses qui peuvent être satisfaites par ces chaînes. Dans la croyance de nombreuses religions, Adam et Ève ont été les premiers humains, et nous sommes tous leurs descendants. De plus, nous y croyons fermement, car elle est considérée comme l'une des écoles de pensée les plus influentes. Puisqu'elle est la source de notre capacité à garder espoir et ténacité malgré les rejets, elle est essentielle à notre mission. En dehors de cela, la société le tient en haute estime. Dans la vie humaine, nous sommes définis par les personnes qui vivent autour de nous et font partie de notre tribu. Nous devons avoir le soutien des membres de notre tribu dans les moments difficiles. C'est parce que ce sont eux qui nous assistent et nous apportent un soutien émotionnel dans les moments difficiles. Quand tout sera dit et fait, nous croirons certainement ce qu'ils disent, peu importe ce qu'ils prétendent. En tant que culture, nous considérons les anciens comme des individus respectés, y compris les prêtres, les papes, les pères, les parents âgés et d'autres personnes du même âge. Leur influence joue un rôle déterminant dans le développement de notre état d'esprit. Beaucoup croient qu'ils disent la vérité s'ils disent que le jour est la nuit sans le rechercher.

En outre, il convient également de noter qu'il existe une autre école de pensée, l'école des sciences. La religion et cette école de pensée sont souvent en désaccord et sont en conflit direct. Selon cet argument, Adam et Ève ne peuvent être tenus seuls responsables de la vaste diversité génétique qui prédomine dans notre monde aujourd'hui. Les scientifiques et les généticiens pensent que nous avons dû recevoir des informations génétiques d'autres personnes que le couple religieux. (Adam & Ève)

Lorsque les chefs religieux des débuts du christianisme, parfaitement conscients des découvertes scientifiques, ont commencé à contester certains versets et à poser des questions sur la femme de Caïn, ces affrontements sont devenus courants. Les gens ont commencé à changer d'avis. Suivant la Bible, il a épousé une femme d'une autre tribu. Une jeune génération de prêtres et de chercheurs demande à quelle tribu appartient l'autre tribu ? Peuvent-ils être considérés comme ayant une relation avec Adam ? Les autres tribus ne croient-elles pas à la déclaration la plus ancienne selon laquelle Adam et Ève étaient les premiers humains ? Si tel est le cas, cela signifie que la femme de Caïn doit être sa nièce ou un membre de la famille. Dans ce scénario, rejetteraient-ils la plus ancienne déclaration selon laquelle Adam et Ève étaient les premiers humains ?

En raison de notre manque de sensibilisation et de notre passion pour trouver des réponses, nous avons généré plusieurs questions. Ce livre cherche à répondre à quelques-uns en utilisant des documents de recherche, des versets et des expériences personnelles.

1
INTRODUCTION

La plupart des religions s'accordent à dire qu'Adam a été le premier humain à exister et qu'Ève a été le second, malgré le fait que la science pousse à l'évolution. Dans une salle de musulmans, de chrétiens et de juifs, l'une des premières choses sur lesquelles ils seraient probablement tous d'accord à l'unanimité serait de savoir comment la vie est née. Il est possible et raisonnable de conclure qu'il y aura encore plusieurs récits différents sur les motivations de Dieu et le résultat de tout après Adam et Ève. La chronologie des événements survenus lors de la première création est souvent contradictoire dans le christianisme seul, et vous pouvez être confus quant à savoir si vous pouvez accepter les récits populaires. Il y avait une interprétation en particulier que j'ai eu du mal à comprendre. Cela impliquait que Caïn a épousé l'une de ses sœurs ou ses nièces alors qu'il était en exil pendant une grande partie de sa vie d'adulte.

Au fil des ans, je suis devenu de plus en plus intrigué par l'expansion de la population mondiale et les complexités de l'inceste aux premiers jours de la civilisation. Puisque les fils d'Adam sont responsables du maintien de la race humaine, il reste encore beaucoup à apprendre sur leur relation. Même ainsi, le simple fait qu'il n'y avait que trois hommes dans le jardin d'Éden compliquent la logistique de la race humaine. Puisqu'Adam a été créé à l'âge adulte alors que Caïn et Abel étaient nés, chronologiquement parlant, Caïn n'avait que quelques années de moins que son père, selon le moment exact que Dieu a voulu le mettre au monde.

Quand il était un jeune garçon, avant de devenir un adolescent rusé, il a assassiné son frère. C'était la raison pour laquelle il serait exilé de sa propre maison. Après cela, Adam était le seul à vivre dans le jardin d'Éden jusqu'à 130 ans plus tard, lorsque son fils Seth était né. Il n'est donc pas déraisonnable pour Adam de remettre en question sa décision quant à la raison pour laquelle il a choisi de retarder si longtemps la paternité de son troisième enfant. Ne serait-il pas plus approprié de demander s'il y a eu des filles, combien avant l'exil et combien avant la naissance de Seth ? De plus, si Caïn était en exil, comment pourrait-il épouser une de ses sœurs ? Avec la mort de son frère Abel et la naissance de Seth peu de temps après, Caïn n'aurait pas pu se marier avec une nièce de son frère.

J'ai passé de nombreuses années à chercher des réponses à ces questions. Maintenant que j'ai atteint une conclusion, il était logique de la documenter par écrit pour le bénéfice des autres. La route vers la vérité m'a d'abord semblé longue et sinueuse parce que j'essayais de remettre en question quelque chose qui avait été accepté comme la seule vérité. En ne présentant que des faits et de la logique, j'ai pu accomplir cela. Toute résistance que j'aurais pu rencontrer au cours de ce voyage était bien méritée et justifiée. Néanmoins, je suis convaincu que j'ai fait un argument très convaincant concernant ce que je pense être la vérité absolue concernant le mariage de Caïn. Les domaines d'étude que j'ai employés pour découvrir les faits concernant le mariage de Caïn étaient larges et étendus, mais les versets bibliques sont restés au centre de tout ce que j'ai mentionné.

Naturellement, ma première tâche a été de me familiariser avec les versets bibliques concernant la création d'Adam. Dans mes premières années en tant que chrétien, j'ai découvert que chaque nom dans la Bible porte une histoire et une profondeur qui ne sont pas visibles pour le lecteur chrétien occasionnel. Il est impossible de comprendre l'énormité de ce qu'elles impliquent sans considérer les interprétations. Au cours de mes recherches, j'ai découvert qu'Adam signifie littéralement « homme » ou « terre rouge », ce qui correspond à son statut d'individu. Le Seigneur a créé Adam (l'homme en général) à son image, lui donnant ainsi le contrôle sur le monde, les mers et toutes les créatures qui parcouraient les deux étendues. Cette domination sur la Terre s'accompagnait de l'exigence qu'ils se multiplient. Cela souligne l'importance de la procréation pour les tout premiers hommes et femmes.

Alors Dieu dit : « *Faisons l'homme à notre image, selon notre ressemblance ; qu'ils dominent sur les poissons de la mer, sur les oiseaux du ciel et sur le bétail, sur toute la terre et sur tous les reptiles qui rampent sur la terre. »* — Genèse 1:26

« Alors Dieu les bénit, et Dieu leur dit : 'Soyez féconds et multipliez ; remplissez la terre et soumettez-la ; dominez sur les poissons de la mer, sur les oiseaux du ciel et sur tout être vivant qui se meut sur la terre. » — Genèse 1 :28.

Personne ne peut nier qu'aux premiers jours de l'existence humaine, le but principal des hommes et des femmes était de procréer, c'est pourquoi même l'inceste était permis. Suivant ce raisonnement logique, beaucoup de gens ne trouveront peut-être pas étrange de dire que Caïn a épousé sa sœur ou sa nièce. L'affirmation n'a de sens que si vous ne tenez pas compte des nombreuses disparités reflétées dans la narration. Adam était le seul homme qui restait dans le jardin d'Éden quelques décennies après son existence, il n'y avait donc aucun moyen pour Caïn d'épouser sa nièce.

Quand Ève a donné naissance à Caïn, sa gratitude était immense car il était son premier fils. Elle l'a nommé d'après l'idée d'être précieux, donc son nom signifie « possession. »

« Or Adam connut Ève sa femme, et elle conçut et enfanta Caïn, et dit : 'J'ai acquis un homme du Seigneur. » - Genèse 4 : 1.

Dans la plupart des cas, lorsque les gens discutent de la continuation de la race humaine à travers Adam, les femmes ne font pas la différence dans le récit. Mais ici, alors que nous enquêtons sur la question du mariage de Caïn, nous ne pouvons pas exclure la possibilité qu'Ève commence une autre généalogie. Cependant, Adam était le seul homme vivant dans le jardin d'Éden pendant 130 ans à avoir un troisième fils, indiquant que la notion n'a aucun sens.

Contrairement à la croyance populaire, le nom d'Abel signifie « respirer », bien qu'il n'ait pas eu beaucoup de temps ou de chance de respirer, grâce à son frère.

« Puis elle enfanta de nouveau, cette fois son frère Abel. Or Abel était berger, mais Caïn labourait de la terre. » — Genèse 4 :2

La réaction de Caïn à commettre un crime aussi grave qu'un meurtre s'explique par la célèbre expression : « Suis-je le gardien de mon frère ? Le comportement de Caïn explique son attitude envers le péché. Nous avons plusieurs versets dans la Bible qui éliminent la possibilité que la femme de Caïn puisse être sa nièce ou sa sœur. À la suite du meurtre, Caïn a été exilé d'Éden. Après avoir quitté Éden, il a immigré dans d'autres parties du globe. Au moment de l'exil d'Adam et Ève, Adam et Ève n'avaient pas d'autres fils, et Seth est né après le déplacement de Caïn pendant moins d'un siècle.

Finalement, Adam et sa femme ont pu avoir un enfant et l'ont nommé Seth. « *Car Dieu m'a désigné une autre semence à la place d'Abel, que Caïn a tué.* » — Genèse 4 : 25

Et à partir de Seth, la génération d'Adam continua :

« *Et quant à Seth, a lui aussi un fils est né ; et il le nomma Enosh. Alors les hommes commencèrent à invoquer le nom du Seigneur.* » — Genèse 4 :26

Dieu a probablement donné à Adam et Ève suffisamment de temps pour faire face à leur chagrin avant de leur permettre d'avoir un autre fils. Il semble qu'ils aient perdu deux de leurs enfants en une seule journée, mais ce ne sont que des spéculations de ma part. Bien que le nom de Seth signifie « compensation », il est juste de suggérer que cette explication pourrait être légitime.

Tout au long de ce livre, j'ai approfondi ces spéculations et croyances. Je suis raisonnablement convaincu que ce que j'ai trouvé a plus de sens que ce que la majorité croit pour le moment. Dans ce livre, j'ai l'intention d'expliquer et de prouver que la femme de Caïn n'était ni sa sœur ni un membre de la famille, mais quelqu'un d'autre entièrement. Lisez ce livre si vous êtes intéressé à découvrir qui et pourquoi, car j'ai une multitude de révélations à partager avec vous.

2
ADAM AND ÈVE

L'HYPOTHÈSE SELON LAQUELLE ADAM et Ève sont devenus synonymes de la discussion sur l'humanité en général depuis l'origine de la civilisation est devenue axiomatique. Bien qu'il n'y ait pas beaucoup de choses sur lesquelles les religions abrahamiques s'accordent, il y a une chose sur laquelle elles sont toutes d'accord - Adam et Ève ont été les premiers êtres humains - homme et femme. À l'ère actuelle de la science et de la technologie, qui a permis une croissance sans précédent et une croissance exponentielle, il y a beaucoup de scepticisme à l'égard des doctrines religieuses. La situation est exacerbée puisqu'elle renvoie à une question pertinente, soulevant ainsi une préoccupation valable pertinente au contexte. « *Adam et Ève étaient-ils vraiment les premiers êtres humains ?* »

Dans Genèse 2 :7, il est écrit : « *Le Seigneur Dieu forma l'homme de la poussière de la terre, et souffla dans ses narines un souffle de vie ; et l'homme devint une âme vivante.* » Cet homme était, bien sûr, Adam. Ève a ensuite été créée à partir d'une des côtes d'Adam. Selon la plupart des croyances scientifiques dominantes, l'homme n'a pas été créé mais était, en fait, le résultat de l'évolution. D'un ancêtre préhistorique du chimpanzé, appelé Australopithèque, à Homo Habilis, Homo Erectus, Homo Neanderthalensis, puis enfin, Homo Sapiens - l'humanité aujourd'hui.

Les scientifiques pensent que le soi-disant "maillon manquant", l'écart qui a fait « évoluer » l'Homo Neanderthalensis en Homo Sapiens, n'a jamais été prouvé. Il est ironique d'imaginer que la lignée humaine a été « fissurée » il y a plusieurs millions d'années, alors que l'élément crucial (des Néandertaliens aux Sapiens) n'a jamais été identifié. Rappelez-vous que ces prétendus ancêtres humains n'étaient pas les premiers de leur espèce, mais ils n'étaient pas non plus les seuls sur terre. On estime qu'il existe au moins une centaine d'autres espèces et sous-espèces de hominiens sur la planète, mais aucune d'entre elles ne se compare à ce que prétend l'évolution. Je ne le recommanderais pas aux anthropoïdes ou à tout autre animal en général. Selon leur point de vue, l'évolution se produit pour chaque organisme vivant sur plusieurs milliers d'années. Par conséquent, tous les hominiens n'auraient-ils pas dû « évoluer » vers quelque chose d'un peu plus sophistiqué si cela était vrai ? Profitant du bénéfice du doute, ne serait-il pas approprié de supposer qu'au moins une autre espèce d'hominien serait suffisamment intelligente pour, à tout le moins, utiliser des outils et avoir un certain niveau de conscience ?

C'est là que le concept de « Pré-Adamites » entre en jeu. Il est indéniable que ces primates préhistoriques existaient il y a des centaines de milliers d'années sur notre planète ; il y a suffisamment de preuves fossiles pour réaffirmer cette hypothèse. Pourtant, ils n'ont aucune corrélation avec Adam et Ève. Avec toutes les preuves fournies par la science, on a tendance à penser : « Adam et Ève étaient-ils même réels ? »

Une distinction significative est faite entre les deux perspectives sur le récit de la création dans le Livre de la Genèse de la Bible hébraïque. Premièrement, Adam et Ève ne sont pas explicitement mentionnés ; il est sous-entendu que Dieu avait créé l'homme en tant que « porteur de l'image de Dieu ». Ils ont été chargés de se multiplier et d'être les intendants du reste de leurs créations. Alternativement, il est possible de lire une version de l'histoire qui dit qu'Adam a été autorisé à tout manger sauf l'Arbre de la Connaissance. Il s'agit de la version grand public de l'histoire, qui est la version qui a gagné le plus de popularité. Ève a été créée à partir d'une des côtes d'Adam, et finalement, elle est devenue victime d'un serpent, qui l'a amenée à manger de l'arbre interdit. Malgré l'acquisition de connaissances supplémentaires, ils sont obligés de renoncer au luxe de résider dans le jardin d'Éden pour ces connaissances supplémentaires.

Adam et sa généalogie

Il est rédigé dans le livre de la Genèse que les enfants d'Adam, Caïn, Abel et Seth, ont tous été mentionnés. Parmi les occupations de Caïn figurait l'agriculture, tandis qu'Abel était berger. Tous deux ont fait des sacrifices à Dieu, mais Dieu a choisi de favoriser le sacrifice d'Abel par rapport à celui de Caïn, ce qui a poussé Caïn à assassiner son frère. La première réaction de Caïn en réponse à la question de Dieu sur Abel fut : « *Je ne sais pas, suis-je le gardien de mon frère ?* » (Genèse 4 : 9). En guise de punition pour son crime, Caïn est contraint d'errer, atteignant finalement la ville de Nod, où il s'est marié et a un enfant. Ce qui est curieux, c'est qu'il n'y a aucune mention de l'origine de la femme de Caïn - ni de la mort éventuelle de Caïn (cela sera discuté encore plus en détail dans les chapitres à venir).

Notre lignée génétique devrait principalement descendre d'un individu particulier si Adam était le premier être humain. Une analyse du génome humain offre des indices significatifs sur notre ancienne hérédité. « Cheddar Man » est l'un des excellents exemples de ce phénomène, car l'ADN a été obtenu à partir d'un squelette vieux de près de 9000 ans et s'est avéré appartenir à un descendant vivant dans la même région. Cette recherche a démontré une continuité génétique qui a duré neuf millénaires. L'explication peut être trouvée dans l'analyse de l'ADN mitochondrial. En tant que « centrale électrique de la cellule », elle occupe un emplacement à l'extérieur du noyau, ce qui l'aide à rester inchangée à mesure que l'ADN change en raison du vieillissement. Il est possible de séquencer le génome mitochondrial de chaque individu. Le processus ne peut cependant être effectué que dans des circonstances idéales. Les dommages causés par les radiations et les erreurs de duplication de l'ADN ont entraîné des changements substantiels dans les mitochondries au cours des millénaires.

Il convient de noter que le chromosome « Y », qui fait les hommes, est en déclin. Par conséquent, des mitochondries de femmes ont été sélectionnées pour être étudiées. Selon des recherches menées par le Dr Douglas C. Wallas et ses collègues de l'École de médecine de l'Université d'Atlanta, en Géorgie, il a été constaté que presque tous les Amérindiens avaient un ensemble particulier de mitochondries. Ils les ont surnommés A, B, C et D. Alors que les Européens avaient H, I, J, K et T, U, V, W et X. La "séparation" entre les branches de l'arbre généalogique européen suggère que les humains modernes atteint l'Europe il y a environ 35 000 ans. Cela correspond également à plusieurs découvertes archéologiques.

L'Asie se compose de la lignée M, qui se ramifie en E, F et G, ainsi qu'en A, B, C et D. En Afrique, il n'y a qu'une seule lignée primaire, connue sous le nom de L, qui est subdivisée en plusieurs segments. En conséquence, L3 est considérée comme la branche la plus jeune de l'espèce et est répandue parmi les Afriques de l'Est. On pense également qu'il est à l'origine de l'ascendance asiatique et européenne.

Dans les chapitres suivants, nous examinerons comment tout cela devient pertinent et comment cela s'accorde avec les enseignements bibliques.

3
L'EXISTENCE D'ADAM ET ÈVE

Il est largement admis qu'Adam et Ève ont été les premières créatures de la planète à marcher sur la terre par toutes les grandes religions. Nous avons brièvement discuté dans le chapitre précédent que Caïn avait une femme et a construit la ville d'Enoch. Mais d'où vient cette femme ? Par conséquent, on peut se demander si Adam était le premier être créé ou s'il était une image « idéale » de l'humanité jugée appropriée par Dieu.

Le début de l'univers

La croyance unifiée sur la façon dont l'univers est né est basée sur la théorie du Big Bang. Presque tous les scientifiques le croient, et notre compréhension actuelle de la physique et de l'astrophysique s'appuie sur ce concept. Il illustre comment l'univers était une singularité - un point unique dans l'espace-temps avec une masse concentrée accumulée en un seul endroit. Il a ensuite « explosé ». Après cette première expansion, un « Big Bang » a vu le jour. L'univers s'est ensuite refroidi, permettant le développement de particules subatomiques et, finalement, de molécules. Ceux-ci ont été créés dans des nuages massifs d'hydrogène, d'hélium et de lithium, combinés par gravité, créant les premiers exemples des premières étoiles et planètes qui jonchent notre ciel nocturne.

Il est également intéressant de noter que les scientifiques ont rapporté une observation concernant l'effet de la "matière noire" qui n'est pas facile à cerner mais qui, selon eux, aidera à fournir des réponses à de nombreux mystères de l'univers. Une quantité écrasante du potentiel gravitationnel de l'univers peut être trouvée dans des formes comme celles-ci. Ce n'est pas une propriété de la matière baryonique, comme les atomes standards. Le concept d'un univers en expansion remontant à une singularité peut être observé visuellement si vous le regardez de l'arrière. L'exemple ci-dessus est un exemple classique du phénomène retracé en 1927 par Georges Lemaitre.

La théorie de Lemaitre a reçu un soutien supplémentaire de l'analyse de Hubble des Redshift galactiques.

Les enseignements bibliques

Dans la Genèse, la Bible déclare : « *Au commencement, Dieu créa les cieux et la terre* ». Cet extrait contient de nombreuses dextérités qui méritent d'être notées. Selon l'équation, « le commencement » représente le temps, « les cieux » représentent l'espace et « la Terre » représente la matière - le temps, l'espace et la matière. Malheureusement, nous ne sommes pas en mesure de déterminer quand précisément le début a eu lieu. Peut-on dire que c'était il y a 10 000 ans ? Serait-ce il y a 10 millions d'années ? autrement un milliard d'années ? Selon la majorité des grandes religions chrétiennes, l'âge de la terre est attribué à seulement approximativement 7000 ans, ce qui n'est tout simplement pas possible - comme le prouve la science. Pour comprendre le concept de « au commencement », il faut comprendre comment et quand cela a commencé.

Le deuxième verset de la Genèse continue du premier, ou il semblait, « *Et la Terre était informe et vide ; et les ténèbres étaient sur la surface de l'abîme. Et l'Esprit de Dieu se mouvait sur la surface des eaux.* » Voir la création de la terre réitérée dans les deux versets invite à penser : « *La Terre avait-elle été créée auparavant ?* » ou « *Existait-il une autre version de la Terre avant qu'elle ne soit relancée ?* »

En ce qui me concerne, ce n'est pas une idée si radicale qu'il faut considérer.

Pour apprendre de Moïse, nous devons examiner son interaction avec Dieu concernant le peuple d'Israël, ce qui a conduit Dieu à les détruire. Ce thème se retrouve également dans l'histoire de Lot sur les villes de Sodome et Gomorrhe. Tout au long de l'histoire, Dieu a exterminé les méchants et s'est même aventuré jusqu'à « redémarrer » l'humanité avec l'arche de Noé. Les versets 2 et 3 suggèrent que toutes les créatures précédentes, les humanoïdes en particulier, qui se trouvaient sur terre à cette époque, avaient été frappées. La planète avait été restaurée dans son état d'origine.

Cela correspond aux découvertes archéologiques et scientifiques. Cette affirmation peut être corroborée par des ossements et des fragments trouvés dans des zones datant de centaines de milliers d'années. Les tests génétiques nous relient également à ces premiers ancêtres en quelque sorte. Si l'on devait contester une affirmation scientifique, pourquoi pas toutes ? Nous avons parcouru les recherches sur ce sujet, comment même en casant des échantillons d'ADN mitochondrial, si nous devions évaluer Adam et Ève comme les premiers ancêtres de l'humanité, ils se sont éloignés de plusieurs milliers d'années - en voyant comment le chromosome féminin était daté il y a près de 140 000 ans, alors que le chromosome masculin « Y » remonte à environ 90 000.

Les versets 3 à 8 de la Genèse sont une importance particulière avec ceci :

« *Et Dieu dit : Que la lumière soit ! Et la lumière fut. Et Dieu vit que la lumière était bonne ; et Dieu sépara la lumière d'avec les ténèbres. Et Dieu appela la lumière Jour, et les ténèbres il appela Nuit. Et le soir et le matin étaient le premier jour. Et Dieu dit : Qu'il y ait un firmament au milieu des eaux, et qu'il sépare les eaux d'avec les eaux. Et Dieu fit le firmament, et sépara les eaux qui étaient sous le firmament des eaux qui étaient au-dessus du firmament : et il en fut ainsi. Et Dieu appela le firmament Ciel. Et le soir et le matin furent le second jour. »*

Le passage ne mentionne pas directement que Dieu a « créé" » la terre mais implique qu'il l'a « revivifiée ». Que la planète ait existé ou non sans étoile, quelque chose de mystérieux semble être arrivé à notre système solaire dans la version précédente de la Terre. L'étoile est devenue la source de lumière de notre système solaire. Les deux passages du temps, jour et nuit, ont ensuite été nommés. Tout au long des versets, Dieu fait référence à la création des firmaments, mais l'émergence de l'eau est apparemment omise. L'apparition de la lumière indique qu'une sorte d'étoile/de galaxies/de supernova a été lancée. De plus, l'absence de référence à la création de l'eau signifie que toutes les créatures qui existaient auparavant avaient déjà accès à l'eau.

Au cours des dernières décennies, la science a confirmé que l'eau est essentielle à la survie de tous les organismes. Il y a même eu des spéculations selon lesquelles des exoplanètes qui semblent avoir de l'eau pourraient abriter des formes de vie extraterrestres. Parce que l'eau n'a pas été mentionnée dans la création de l'univers, on peut supposer que l'eau était là. Firmament se comporte de la même manière à cet égard, nous guidant vers l'établissement d'une atmosphère. La science nous a informés qu'il existe différentes couches de l'atmosphère: troposphère, stratosphère, mésosphère, thermosphère et exosphère. Ces versets font référence à deux firmaments distincts, chacun ayant de l'eau « sous le firmament » et de l'eau « au-dessus du firmament. » Il existe différentes quantités de vapeur d'eau dans chacune de ces catégories de terre. Puisque la lumière déclenche la réaction responsable de la production d'humidité, le processus n'a pu se développer qu'avec la création de lumière.

Ainsi, il est crucial de se rappeler qu'Adam et Ève n'étaient pas les « premières » biologiques car il y a

LA FEMME DE CAÏN N'ÉTAIT... 53

tout simplement trop d'incohérences et de divergences pour le suggérer. S'ils avaient été les premiers êtres humains, Caïn n'aurait pas eu de femme puisqu'elle n'existait pas. En outre, il est décrit plus en détail dans la Bible au verset : Et Caïn dit au Seigneur : « *Ma punition est trop grande pour être supportée. Maintenant que tu m'as chassé aujourd'hui du sol que je dois cacher à ta présence, je serai un vagabond agité sur la terre, et quiconque me trouvera me tuera.* » Considérant que Caïn et Abel étaient les premiers enfants d'Adam et Ève (Seth est né plus tard), il est pertinent de se demander qui trouverait et tuerait Caïn, le premier-né d'Adam et Ève. La déclaration laisse penser qu'une plus grande compréhension pourrait être nécessaire pour donner un sens aux enseignements bibliques.

Il y a beaucoup d'observations plus nuancées dans le Bible que de simples déclarations en noir et blanc.

4
CAÏN ET ABEL

Caïn et Abel sont les premiers enfants d'Adam et Ève. Leur histoire est d'une importance biblique profonde et est l'une des rares histoires répandues dans les religions abrahamiques. Un fait étonnamment moins connu sur Caïn et Abel est qu'ils étaient des jumeaux apparentés. « *Or, Adam connut son Ève, sa femme, et elle conçut et enfanta Caïn ; et de nouveau, elle enfanta son frère Abel.* » (Genèse)

Non seulement ils étaient jumeaux, mais même leurs noms avaient également une signification. Les noms Caïn et Abel dérivent de la Septante grecque - une traduction grecque de plus de 2000 ans de la Bible hébraïque : Caïn ([][][]qayin) et Abel ([][][]havel). Le mot « Qayin » signifie littéralement acquérir quelque chose. Cela explique pourquoi Ève a déclaré : « *J'ai acquis un homme* » dans Genèse 4 :1. D'autre part, le mot Havel se traduit par vain ou vanité, quelque chose qui manque de substance.

Leurs noms font allusion à la façon dont leurs caractères sont (tels que décrits dans la Bible) parce que, dans la langue hébraïque, un mot (Shem) est une traduction littérale du caractère d'une personne. En substance, Caïn et Abel sont des représentations quasi littérales de leur propre caractère. Cela peut sembler quelque peu contradictoire avec ce que nous savons : « Caïn n'a-t-il pas tué son frère ? Comment cela fait-il qu'il ait un caractère, et qu'Abel n'en a pas ? » La raison en est que le « personnage » que Caïn a reçu a des annotations négatives.

Caïn et Abel : Une brève description

Caïn était le fils premier-né d'Adam et Ève. Il travaillait comme laboureur. Il a été décrit comme un « homme hautain et vindicatif, » connu pour défier même Dieu. Caïn est décrit dans la Bible comme quelqu'un qui construit des villes. Et est considéré comme l'ancêtre de la construction elle-même, en plus de la forge (Genèse 4 :17). Il y a des rapports qu'il a engendré de nombreux enfants et petits-enfants, à commencer par **Enoch** et **Lamech**.

Cependant, sa lignée prendrait fin après le Déluge de la Genèse. Dans les Écritures, il est mentionné que Caïn vénère sa propre volonté et se concentre sur lui-même. Il a eu du ressentiment contre Dieu (dû à Abel) et lui a menti. Il finit par assassiner Abel et est banni pour errer comme un vagabond.

Selon la Bible, Abel était un berger. Il a été suggéré qu'il est un gardien, mais il est en fait un berger, car le mot hébreu « **Ro'eh** » décrit sa profession. Alors que Caïn, considéré comme un laboureur, a été mentionné comme « **O'ved**. » Ceci est répandu dans Genèse 3 :23 quand Adam a été expulsé du jardin d'Éden et a dit d'aller « **Avad**

» (labourer) le sol. C'est la première subdivision de l'humanité basée sur leurs compétences.

La profession de Caïn était la même que celle de son père, Adam.

Une coutume très répandue observée dans la culture hébraïque est que les enfants doivent suivre les traces de leur père dans leur profession. Même si aucun d'eux n'était un hébreu natif, ils formaient toujours la base de l'histoire de la culture hébraïque telle que nous la connaissons aujourd'hui.

Genèse (4 : 2-7) décrit clairement la relation entre Caïn et Abel :

« *Plus tard, elle enfanta son frère Abel. Maintenant Abel gardait des troupeaux, et Caïn travaillait la terre* » (4 : 2)

Plus tôt, j'ai dit que l'accent était mis sur l'occupation de l'individu. En tant que fils aîné, Caïn a adopté le même cheminement de carrière que son père, « Adam, » tandis que son frère Abel est devenu berger.

« *Au fil du temps, Caïn apporta des fruits de la terre en offrande à l'Éternel* » (4 : 3)

Je crois que ces métiers se complètent positivement. Comme vous pouvez l'imaginer, Caïn avait un jardin où il faisait pousser l'herbe ou les fruits qu'il désirait. Cependant, il avait beaucoup de préférences quant à ce qu'il plantait.

« *Et Abel a également apporté une offrande - des portions grasses de certains des premiers-nés de son troupeau.* » (4 : 4)

Immédiatement, on peut voir les différences frappantes non seulement entre leurs produits mais aussi entre leurs personnalités. Comme comparaison entre Abel et Caïn, Abel a offert les animaux les plus désirables de son troupeau au Seigneur. Essentiellement, la vanité de Caïn est démontrée par sa sélection de ce qu'il a présenté au Seigneur, par opposition à Abel, qui n'a consacré que ses offrandes préférées.

« Le Seigneur regarda avec faveur Abel et son offrande » (4 : 5)

Il était naturel que l'offre d'Abel soit acceptée car il était fidèle à ses intentions. Le fait qu'il ait préféré Dieu à lui-même est ce que le Seigneur a finalement testé des deux frères, un aspect que Caïn n'a pas réalisé.

« Alors le Seigneur dit à Caïn : 'Pourquoi es-tu en colère ? Pourquoi as-tu le visage descendu ? » (4 : 6)

Le fait que le Seigneur ait dû demander à Caïn : « *Pourquoi ton visage est-il abattu* » signifie à quel point Caïn était bouleversé avec véhémence. Cela fait allusion à des problèmes de colère et à du ressentiment, même si la personne en question est son propre frère.

« *Si vous faites ce qui est bien, ne serez-vous pas accepté ? Mais si vous ne faites pas ce qui est bien, le péché est accroupi à votre porte ; il désire vous avoir, mais vous devez le dominer.* » (4 : 7)

C'est le tournant de la relation entre Caïn et Abel. Comme une sorte de pressentiment de Dieu, Caïn est chargé de faire le bien et de nier le mensonge. Pourtant, comme une présomption, Il avertit Caïn que s'il ne le fait pas, il y a une chance remarquablement élevée qu'il recoure à la tromperie. Néanmoins, Caïn apprend à persévérer et à empêcher que cela ne se produise en premier lieu - pour combattre ses tentations.

Le fait qu'Abel ne soit pas soumis à cet « épreuve » par Dieu est particulièrement remarquable, car il n'a pas ces caractéristiques à examiner. L'homme est un travailleur honnête qui place les intérêts de Dieu au-dessus de lui-même et de ses propres besoins, s'assurant que son sacrifice est parmi les plus précieux qu'il puisse donner. Il n'est pas nécessaire que Dieu reçoive les sacrifices de Caïn et d'Abel ; au lieu de cela, ils ont servi de test et de témoignage de leur dévotion envers lui. La réaction de Caïn signifie également qu'il a été le premier humain à entretenir du ressentiment ou de la colère envers un autre, devenant finalement le premier individu à commettre un homicide.

5
SACRIFICE

L'OFFRANDE DE CAÏN ET d'Abel à Dieu, qui est enregistrée dans les Écritures, est peut-être l'un des exemples les plus connus de sacrifice pour Dieu à travers l'histoire. Il n'y a qu'un seul dilemme : nous devons répondre à cette question cruciale. « *Où est-il mentionné dans l'Écriture qu'Abel et Caïn sont invités à offrir un sacrifice ? Encore moins un sacrifice sanglant ?* »

De la Bible, nous pouvons déduire que Dieu n'a pas accepté le sacrifice de Caïn mais a accepté celui d'Abel. Comme expliqué dans le passage suivant :

« *Par la foi, Abel a offert à Dieu un meilleur sacrifice que Caïn. Par la foi, il a été recommandé comme un homme juste, quand Dieu a bien parlé de ses offrandes. Et par la foi, il parle encore, même s'il est mort.* » (Hébreux 11 : 4).

Je veux profiter de cette occasion pour attirer votre attention sur l'expression « meilleur sacrifice ». L'attitude de Caïn envers l'offrande n'était pas liée à son attitude envers « l'offrande » (bien que ce ne soit pas une attitude respectueuse). Concernant l'offrande d'Abel (un sacrifice de sang), nous savons déjà que c'est l'une des offrandes les plus recommandées. Les Écritures ne précisent pas quel type de sacrifice était requis, et il n'y a aucune indication dans le texte du type de sacrifice demandé.

Pour ceux d'entre vous qui sont familiers avec l'étude de la Bible, vous vous demandez peut-être quel type de preuve peut être fourni pour étayer l'affirmation selon laquelle Abel et Caïn ont été forcés de faire des sacrifices sanglants. À la lumière de l'omniprésence de la Loi, Isaac, Abraham, Noé, Job et Jacob, parmi tant d'autres, peuvent tous se voir poser la même question (à des degrés divers).

Plusieurs événements bibliques, ainsi que d'autres événements, ne sont pas décrits de manière adéquate ou complète dans les premières Écritures. Peu importe le cas ; on leur enseigne des informations supplémentaires pour combler ces lacunes et empêcher la propagation de l'hérésie. Le serpent apparaît dans le jardin d'Éden comme un exemple classique de ce concept. Le serpent était le symbole du diable, mais comment pouvons-nous en être sûrs ? Il est intéressant de noter que cela n'est mentionné nulle part dans les Écritures (Genèse 3). C'est dans 1 Chronique 21 : 1 que nous trouvons la première occurrence du mot « Diable » dans la Bible. Malgré cela, nous continuons à perpétuer le mythe selon lequel le serpent représente le diable. De quelle manière ? La signification de cet événement peut être incorporée dans l'ensemble des connaissances dérivées de la Bible.

Genèse 4 n'explique rien sur les personnages d'Abel, de Caïn ou de Dieu (il en va de même pour Noé, Isaac, Job, Jacob et Abraham). Lorsque nous examinons les passages précédents, nous pouvons être assurés que nous acquérons une compréhension plus complète du dialogue possible et des événements qui ont pu se produire.

Était-ce un sacrifice ?

Certains érudits pensent que Caïn et Abel ont présenté un don plutôt qu'une offrande de sang. Le mot hébreu fait référence ; à **minha** est associé au grain et aux offrandes qui ne contiennent pas de sang. La Bible a utilisé **minha** pour leurs offrandes - ce qui signifie cadeau. Pourtant, le mot **minha** a été utilisé de manière interchangeable dans la Bible. Il y a aussi des cas dans lesquels des sacrifices de sang sont reflétés (par exemple, Psaume 141 : 2, Nombres 28 : 1-8).

Dans ce cas, Caïn et Abel fournissent un exemple de scénario qui ne peut être quantifié en fonction de ses circonstances. Ceci indépendamment du fait qu'il s'agissait d'une offrande ou d'un acte de sacrifice. Les versions grecque et hébraïque de la Bible contiennent un mélange de ces deux traductions, ce qui entraîne une confusion. Dans le judaïsme, le sang a toujours fait partie intégrante de tous les sacrifices juifs, même depuis l'époque de Moïse. N'oublions pas que l'histoire de Caïn-Abel fait exception à cette règle ; pour cette raison, il ne faut pas l'ignorer.

Nous sommes maintenant dirigés vers la question éminente : « Comment savons-nous que Dieu a dit à Caïn et Abel d'offrir un sacrifice ? La Bible n'a aucune trace d'une conversation

LA FEMME DE CAÏN N'ÉTAIT... 71

entre les deux avec Dieu à propos de cette question. Nous savons cependant que Dieu a communiqué avec eux. Évidemment, c'était aussi audible. « ...Pourquoi es-tu en colère? Pourquoi votre visage est-il abattu ? » (Genèse 4).

De cette façon, cela fournit des preuves solides que Dieu a communiqué avec ces deux, et aussi fréquemment. Malgré la puissance de Dieu, Caïn n'a pas craint la voix de Dieu. Il y a des preuves de peur et d'appréhension envers les anges dans toute la Bible, comme cela s'est produit avec Zacharie et Marie.

Nous savons aussi que Dieu avait parlé à Caïn auparavant, comme en témoigne l'Écriture suivante :

« *Si vous faites ce qui est juste, ne serez-vous pas accepté ? Mais si vous ne faites pas ce qui est juste, le péché est réfugié à votre porte ; elle désire vous avoir, mais vous devez la maîtriser* » (Genèse 4 : 7).

En raison du péché de Caïn, Dieu l'a immédiatement reconnu et lui a permis d'expier cela. Puisqu'ils comprennent tous les deux qu'ils devraient offrir un sacrifice, les deux démontrent qu'ils sont engagés dans une conversation l'un avec l'autre.

Quelle est la "bonne" chose ?

Caïn et Abel ont en effet reçu l'ordre de faire la « bonne » chose, mais la Genèse ne fournit aucune information concernant ce que cette « bonne » chose impliquait. La seule chose dont nous sommes certains, c'est qu'Abel a suivi le bon chemin. Il était donc attendu par Dieu que Caïn suive la même direction :

LA FEMME DE CAÏN N'ÉTAIT...

« L'Éternel regarda avec faveur Abel et son offrande, mais Caïn et son offrande, il ne regarda pas avec faveur » (Genèse 4 : 5).

Non seulement cela, mais il est décrit plus tard ce qu'a fait exactement Abel qui a été jugé « correct : »

« Mais Abel apporta des portions grasses de quelques-uns des premiers-nés de son troupeau » (Genèse 4 : 4).

Ce verset à lui seul a beaucoup de signification car chaque segment de l'importance de cette offrande est décrit plus en détail dans les Écritures ultérieures. Le verset suivant du Lévitique est vrai depuis qu'Abel a lui-même présenté l'offrande :

« Lorsque l'un de vous apporte une offrande à l'Éternel. . . Il doit le présenter » (Lévitique 1 : 1, 3)

L'offrande d'Abel, la graisse de l'animal, était également une partie « acceptable » d'une offrande à Dieu, comme expliqué plus en détail dans le Lévitique :

« Le sacrificateur les brûlera sur l'autel comme nourriture, offrande consumée par le feu, parfum agréable. Toute la graisse appartient au Seigneur. C'est une ordonnance durable pour les générations à venir, où que vous viviez : vous ne devez manger ni graisse ni sang. » (Lévitique 3 : 16-17).

Comment Abel a-t-il su offrir la graisse de l'animal ? Il est également intéressant de voir comment Abel n'a amené qu'une partie de son troupeau. Comme expliqué dans Exode, Dieu n'exige pas que l'intégralité de quelque chose soit considérée comme un sacrifice :

LA FEMME DE CAÏN N'ÉTAIT... 75

« *Les riches ne doivent pas donner plus d'un demi - sicle, et les pauvres ne doivent pas donner moins lorsque vous faites l'offrande à l'Éternel pour expier votre vie.* » (Exode 30 :15).

Pourquoi Abel n'a-t-il pas présenté tout son troupeau à Dieu ? Comment savait-il qu'un seul agneau suffirait ? De plus, comment Abel savait-il que le premier-né du troupeau devait être offert à Dieu ? Comme cela n'apparaît que beaucoup plus tard dans les Écritures :

« *Tous les mâles premiers-nés de votre bétail appartiennent au Seigneur.* » (Exode 13 : 12).

Fait intéressant, une offrande de sang aurait pu être de n'importe quel animal, mais Abel savait lui apporter un animal de son troupeau, ce qui coïncide avec Lévitique :

« *Lorsque l'un de vous apportera une offrande à l'Éternel, apportez comme offrande un animal du gros bétail ou du menu bétail.* » (Lévitique 1 : 2)

Les chances qu'Abel sache faire ces choses exactes sans connaissance préalable sont tout simplement impossibles. Par conséquent, on peut dire avec confiance que Dieu leur avait parlé de cela à un moment donné plus tôt, mais cela n'était tout simplement pas mentionné dans les Écritures.

Un sacrifice sanglant était-il nécessaire ?

Étant donné que nous savons que Dieu avait instruit les deux à un moment donné concernant ce qui est considéré comme un sacrifice, pourquoi un sacrifice de sang était-il significatif ? Le comportement d'Abel avait une plus grande importance que le sacrifice, ou était-ce le sacrifice lui-même qui était significatif ? Certains érudits ont émis l'hypothèse que l'attitude de Caïn en était la cause sous-jacente.

Selon l'Écriture :

« *Par la foi, Abel a offert à Dieu un meilleur sacrifice que Caïn. Par la foi, il a été recommandé comme un homme juste, quand Dieu a bien parlé de ses offrandes. Et par la foi, il parle encore, même s'il est mort* » (Hébreux 11 : 4).

Il est évident tout au long du passage que l'accent continue d'être mis sur le « meilleur sacrifice ». Aucune mention n'est faite de son attitude ou de son comportement. Compte tenu de cela,

cela n'implique pas que son attitude était justifiée ; en effet, il est évident d'après les Écritures qu'il n'est pas mentionné.

Il ne fait aucun doute que le sacrifice de Caïn était mauvais dans sa nature et qu'il ne serait pas acceptable, comme il est clairement indiqué dans la Bible. Comme moyen évident de le distinguer du sacrifice d'Abel, nous pouvons simplement regarder le fait sous-jacent qu'il ne s'agissait pas d'un sacrifice sanglant comme celui d'Abel. Contrairement à l'offrande de la « terre » (les récoltes) de Caïn et à l'offrande du « troupeau » d'Abel, il y avait une différence significative entre ces offrandes. Selon la Bible, il n'y a aucune mention dans l'histoire de Caïn et d'Abel du type de sacrifice que Dieu leur a demandé de faire. Je crois qu'il est possible qu'il ait communiqué avec eux et leur ait donné des instructions. Cependant, d'autres facteurs indiquent que cela n'aurait peut-être pas le cas.

6
LE PREMIER MEURTRE DU MONDE

TOUT AU LONG DE l'histoire, l'histoire d'Abel et de Caïn est utilisée pour mettre en évidence le tout premier meurtre qui n'ait jamais eu lieu. Bien sûr, il y a beaucoup de choses à retenir de tout cet incident qui aident à établir les fondements de la religion abrahamique. Pourtant, il y a une forte probabilité que ce ne soit pas le « premier meurtre ».

LA FEMME DE CAÏN N'ÉTAIT... 81

Nous avons discuté de Genèse 4 et comment l'offrande de Caïn a été rejetée, mais l'offrande d'Abel a été acceptée. Nous avons également discuté en profondeur des implications bibliques de l'offrande d'Abel et de la manière dont il remplissait les critères d'une offre "correcte". Maintenant, regardons le premier meurtre et s'il s'agissait ou non du premier meurtre...

La Bible raconte l'histoire de Caïn et d'Abel à qui on a demandé de présenter une offrande au Seigneur. Caïn a apporté les produits qu'il avait cultivés sur sa ferme en raison de son expérience agricole. Parce qu'il était berger, Abel était chargé d'élever les premiers-nés de son bétail. En conséquence, Caïn se met en colère, mais le Seigneur lui accorde une seconde chance de se racheter :

Alors le Seigneur dit à Caïn : « *Pourquoi es-tu en colère ? Pourquoi votre visage est-il abattu ? Si vous faites ce qui est juste, ne serez-vous pas accepté ? Mais si vous ne faites pas ce qui est juste, le péché est tapi à votre porte ; il désire vous avoir, mais vous devez le dominer.* » (Genèse 4 :6-7)

Bien sûr, le Seigneur connaît l'issue de chaque situation avant même qu'elle ne se produise, donc la phrase : « *Mais si vous ne faites pas ce qui est juste, le péché est tapi à votre porte...* » préfigure l'inévitable. Caïn a été averti qu'il devait combattre ce sentiment de rage ou en subir les conséquences.

Genèse 4 continue avec Caïn attirant Abel dans les champs. Il y a une certaine implication ici que Caïn lui-même savait que ce qu'il était sur le point de faire était mal et devait être fait en secret. S'il ne le savait pas, il aurait frappé Abel au moment même où son offrande était rejetée :

« Or Caïn dit à son frère Abel : 'Allons aux champs.' Pendant qu'ils étaient dans les champs, Caïn attaqua son frère Abel et le tua. » (Genèse 4 : 8).

Cet événement a été suivi de :

« Alors le Seigneur dit à Caïn : *'Où est ton frère Abel ?' 'Je ne sais pas'*, répondit-il. *'Suis-je le gardien de mon frère ?* » (Genèse 4:9).

La réponse de Caïn en elle-même est une déclaration audacieuse contre Dieu. Non seulement Caïn savait où se trouvait Abel (en voyant comment il l'avait tué), mais il a menti au Seigneur et a répété : « *Suis-je le gardien de mon frère ?* » C'est vrai - en tant que premier-né d'Adam, il est le gardien et le gardien d'Abel.

En colère, le Seigneur le bannit :

« *Le Seigneur a dit : 'Qu'as-tu fait ? Écouter ! Le sang de ton frère me crie du sol. Maintenant tu es maudit et chassé du sol, qui a ouvert sa bouche pour recevoir de ta main le sang de ton frère. Lorsque vous travaillez le sol, il ne vous rapportera plus ses récoltes. Tu seras un vagabond agité sur la terre.'* » (Genèse 4 :10).

"Le fruit de la terre" était le sacrifice que Caïn a fait, et c'était aussi la chose même qui allait devenir sa malédiction. Caïn est toujours montré de la compassion par le Seigneur, même s'il a mal agi parce qu'il est épargné par la mort en étant maudit à la place. Comme décrit dans la Genèse,

LA FEMME DE CAÏN N'ÉTAIT...

la Bible dépeint la malédiction de Caïn comme étant limitée au sol :

« *Il dit à Adam : 'Parce que tu as écouté ta femme et que tu as mangé du fruit de l'arbre au sujet duquel je t'avais commandé, 'tu n'en mangeras pas', 'maudit est le sol à cause de toi ; par un travail pénible tu mangeras de la nourriture' d'elle tous les jours de ta vie.* » (Genèse 3 :17).

Une autre chose à prendre en considération est l'importance de l'agriculture dans la Bible :

« *Quand aucune plante des champs n'était encore sur la terre et qu'aucune herbe des champs n'avait encore poussé - car le Seigneur Dieu n'avait pas fait pleuvoir sur la terre, et il n'y avait personne pour cultiver le sol.* » (Genèse 2 :5).

La dernière phrase à elle seule démontre suffisamment à quel point l'agriculture est vitale aux yeux du Seigneur. La création de Dieu n'a pas pris fin

Caïn continue dans Genèse 4 :

« *Caïn dit au Seigneur : 'Ma punition est plus que je ne peux en supporter. Aujourd'hui, tu me chasses du pays, et je serai caché de ta présence ; Je serai un vagabond agité sur la terre, et quiconque me trouvera me tuera.* »

Mais le Seigneur lui dit : « *Pas ainsi ; quiconque tue Caïn subira sept fois la vengeance.' Alors le Seigneur a mis une marque sur Caïn afin que personne qui le trouverait ne le tue. Alors Caïn sortit de la présence du Seigneur et habita au pays de Nod, à l'est d'Éden.* » (Genèse 4 :13-16)

Maintenant, quelque chose qui devient flagrant après une analyse minutieuse de Genèse 4 : 13-16 est la façon dont

LA FEMME DE CAÏN N'ÉTAIT...

Caïn mentionne : « ... Celui qui me trouvera me tuera... » Si Adam et Ève étaient les premiers humains en soi, et Caïn et Abel étaient leurs premiers enfants, qui sont peut-être laissés pour « trouver » Caïn ?

Genèse 4 se termine par ce qui suit :

« Caïn a fait l'amour avec sa femme, et elle est tombée enceinte et a donné naissance à Énoch. Caïn construisait alors une ville, et il l'a nommée d'après son fils Énoch. Énoch naquit Irad, et Irad était le père de Mehujael, et Mehujael était le père de Methushael, et Methushael était le père de Lamech. Lamech a épousé deux femmes, l'une nommée Adah et l'autre Zillah. Ada enfanta Jabal ; il était le père de ceux qui vivent dans des tentes et élèvent du bétail. Le nom de son frère était Jubal; il était le père de tous ceux qui jouent des instruments à cordes et des tuyaux.

Zillah avait aussi un fils, Tubal-Caïn, qui forgeait toutes sortes d'outils en bronze et en fer. La sœur de Tubal-Caïn était Naamah. Lamech dit à ses femmes : 'Ada et Zillah, écoutez-moi ; femmes de Lamec, écoutez mes paroles. J'ai tué un homme pour m'avoir blessé, un jeune homme pour m'avoir blessé. Si Caïn est vengé sept fois, alors Lamech soixante-dix-sept fois." Adam fit de nouveau l'amour avec sa femme, et elle enfanta un fils et le nomma Seth, en disant : " Dieu m'a donné un autre enfant à la place d'Abel, car Caïn l'a tué. Seth avait aussi un fils, et il l'appela Enosh. » (Genèse 4 :17-25).

Le reste de Genèse 4 traite des sept descendants de Caïn, jusqu'à Lamech, dont les actes étaient épouvantables avec véhémence. Lamech illustre une progression du péché, promouvant la polygamie (en épousant Adah et

Zillah) et la vengeance pour avoir tué quelqu'un qui venait de le frapper. (J'ai tué un homme pour m'avoir blessé, un jeune homme pour m'avoir blessé).

Malgré ces péchés, Lamech a effectivement établi les fondations de la société telle que nous la connaissons aujourd'hui. Il introduit la division du travail, la création d'instruments de musique et la métallurgie.

Le « premier » meurtre au monde ?

Historiquement, le meurtre de Caïn et d'Abel a été considéré comme le premier meurtre enregistré dans l'histoire et le premier meurtre sur toute la planète. Heureusement, les preuves archéologiques suggèrent quelque chose de complètement différent. Des chercheurs ont récemment découvert un crâne vieux de 430 000 ans dans une grotte du sud de l'Espagne, qui proviendrait de l'ère des dinosaures.

Le crâne lui-même avait subi une dégradation considérable. Après tout, il était resté dans une grotte pendant plus d'un demi-million d'années. La cause du décès a été déterminée sur la base de la datation au carbone et d'examens microscopiques. Il a été déterminé que le crâne avait été frappé deux fois avec un objet contondant, un événement qui ne pouvait pas s'être produit par accident. Ensuite, le corps a été traîné et déposé dans la grotte, où il a été découvert.

Avant cette découverte, le plus ancien tueur connu de l'homme sous le nom de Shanidar-3, la victime serait décédée il y a environ 50 000 ans et était la plus ancienne victime de meurtre connue. Son cas impliquait le coup de couteau dans ses côtes par un objet en forme de lance, ce qui lui a causé de graves blessures.

Pour le crâne découvert en Espagne, cependant, les scientifiques l'ont comparé à des centaines de cas de blessures, d'accidents et de traumatismes contondants. Les chercheurs rapportent que les os n'avaient montré aucun signe de guérison, de sorte que la victime est décédée immédiatement après l'impact.

Il est fascinant de spéculer sur ce qui aurait pu conduire un ancien hominidé à initier la violence contre un autre. La rareté des ressources aurait probablement été le facteur décisif. Outre le crâne trouvé là-bas, le site contenait également 28 autres individus d'âges variés à l'endroit où celui-ci a été trouvé.

Caïn et Abel - Mésopotamien archaïque ?

Je trouve extrêmement intéressant que l'histoire de Caïn et Abel soit remarquablement similaire aux mythes et légendes traditionnellement populaires dans l'ancienne Mésopotamie. Considérant que la Bible elle-même déclare que c'est la vérité et que Caïn, Abel, Adam et Ève étaient les seuls humains qui n'aient jamais vécu sur cette planète, cela soulève la question, comment Caïn, après avoir assassiné son frère Abel, va-t-il pu être exilé ? au pays de Nod où il a construit une ville basée sur sa propre intuition et imagination ?

Une ancienne histoire mésopotamienne qui ressemble à certaines de celles trouvées ailleurs dans d'autres cultures anciennes a été trouvée dans la Mésopotamie pré-abrahamique puisqu'elle illustre l'histoire de Caïn et Abel. A cette époque, il y avait une légende à propos d'un berger nommé Dumuzi et d'un fermier nommé Enkidu. Ces deux compétiteurs se sont affrontés pour gagner l'affection de la déesse Inanna. En fin de compte, Enkidu a gagné le cœur de la déesse. Ainsi, ils ont développé de l'hostilité et de l'animosité l'un envers l'autre tout au long de leur vie. En fait, ils ressentaient le contraire l'un envers l'autre.

Fait intéressant, cela se produit en raison des enseignements islamiques traditionnels, dans lesquels Caïn

(Qabil) a cherché à épouser la fille d'Adam, mais elle a plutôt été mariée à Abel (Habil).

L'ancienne Mésopotamie était principalement un village agricole, mais comme les Mésopotamiens dépendaient entièrement des précipitations et de l'inondation des rivières, ils ont été témoins de nombreuses famines au cours de cette période. À cet égard, il est largement admis qu'il serait préférable de vivre un mode de vie pastoral plutôt qu'un mode de vie agricole.

Il y a un lien entre Dumuzi et Enkidu et l'histoire du chapitre 4 de la Genèse, dans laquelle Caïn invite Abel dans des pâturages loin de tout le monde. Ce faisant, il pourra échapper aux soucis de tout le monde. En tant que meurtre rituel, Enkidu tuant Dumuzi était considéré comme un meurtre rituel dans l'ancienne mythologie de la Mésopotamie au lieu d'un meurtre. Il était courant pour les Mésopotamiens de connaître des famines et, pour honorer leurs dieux, il leur était courant de faire un grand nombre de sacrifices. La tradition enseigne que la première offrande aux dieux (le plus souvent le bétail de Dumuzi, semblable aux moutons d'Abel) était le premier « rituel. » Le deuxième rituel a été exécuté à l'extérieur du temple, alors qu'Enkidu traînait Dumuzi dans les champs et y exécutait un meurtre rituel. Il y a une différence significative entre les textes mésopotamiens et la Bible. C'est pourquoi les activités décrites dans la Bible n'étaient pas conçues comme des gestes malveillants mais étaient considérées comme des pratiques courantes parmi le peuple mésopotamien. Sur la base d'un mythe, on croyait que le fait de tremper du sang dans le sol dynamiserait la terre, entraînant ainsi une « revitalisation ».

On pourrait également affirmer que simultanément, la célébration du Nouvel An babylonien et le festival Buphonia de l'Athènes antique partageaient un thème commun. Les anciens exorcistes et prêtres sacrifiaient des moutons pour apaiser leur dieu. Ils ont utilisé le sang des sacrifices pour marquer les sanctuaires comme un acte d'apaisement envers leur divinité. En plus des moutons sacrifiés, un autre mouton a été relâché dans le désert après l'abattage.

Lorsque les bœufs étaient effectivement utilisés dans le cadre d'un rituel pendant la période buphonia, les hommes devaient tuer un bœuf dans le cadre de la tradition. Ils ont également été contraints de fuir pendant longtemps jusqu'à ce qu'ils puissent être purifiés à nouveau. Dans le cas de Caïn, il peut y avoir des preuves suggérant que ses marques lui servaient de protection rituelle. Caïn a été envoyé dans le désert après avoir été banni suite au meurtre de son frère Abel. En raison de la punition qu'il a été contraint d'endurer, il a finalement subi un tatouage pour se protéger. La raison en est que de nombreuses cultures et peuples de l'Antiquité utilisaient des formes primitives de tatouage destinées à montrer leur statut de prêtres. Jusqu'à il y a quelques années, on pensait que les individus suivaient cette tradition, comme le rapportent d'anciennes tribus palestiniennes telles que les Kénites. Les Kénites étaient des nomades ou semi-nomades qui vivaient dans des tentes (parfois comparés aux descendants de Caïn qui construisaient des tentes).

Comme indiqué dans le Livre d'Énoch (22 : 7), Abel est nommé chef des martyrs dont la mission était de mettre fin à la descente de Caïn. Le point de vue est également réitéré dans le Testament d'Abraham :

« Un homme affreux assis sur le trône pour juger toutes les créatures, et examinant les justes et les pécheurs. Il étant le premier à mourir en martyr, Dieu l'a amené ici [au lieu du jugement dans le monde inférieur] pour rendre le jugement, tandis qu'Énoch, le scribe céleste, se tient à ses côtés, écrivant le péché et la justice de chacun. Car Dieu a

LA FEMME DE CAÏN N'ÉTAIT... 99

dit : Je ne te jugerai pas, mais chacun sera jugé par un homme. Étant les descendants du premier homme, ils seront jugés par son fils jusqu'à la grande et glorieuse apparition du Seigneur, quand ils seront jugés par les douze tribus d'Israël, et alors le jugement dernier par le Seigneur lui-même sera parfait et immuable... » (A :13/B :11)

Les documents historiques et la littérature religieuse ancienne nous fournissent une excellente source d'informations sur les civilisations anciennes. D'autre part, il est de notre responsabilité de séparer les faits de la fiction concernant les civilisations anciennes. Voyez comment nous avons percé le mystère de Caïn et d'Abel dans les paragraphes suivants.

7
EXPULSION

Le Livre de la Genèse fournit un aperçu complet de la création de l'humanité à divers lecteurs de tous horizons grâce à son travail complet. Je pense que la punition de Caïn nous donne un aperçu de la façon dont Dieu traite les pécheurs et comment, malgré les actions de Caïn, Il fournit néanmoins des conseils et de la repentance. Et je crois que le contexte de ce verset illustre que la miséricorde de Dieu s'étend de loin, soulignant à quel point elle est étendue. Comme

LA FEMME DE CAÏN N'ÉTAIT...

indiqué dans l'introduction de ce chapitre, son but sera d'explorer plus en détail le bannissement de Caïn.

Les deux frères, leurs deux offres et le péché d'un frère sont le sujet des cinq premiers versets de Genèse 4. Ces versets servent d'introduction aux personnages principaux de l'histoire. Dans les chapitres qui précèdent celui-ci, il est raconté qu'Adam et Ève ont eu deux enfants, Caïn et Abel, respectivement berger et fermier. Seul le péché de Caïn nous donne un aperçu de la miséricorde de Dieu, avant même d'examiner son péché.

Dans Genèse 4 : 1, Ève reconnaît que « *Avec l'aide du Seigneur, j'ai enfanté un homme* ». (La naissance de Caïn). Ceci est significatif car, à ce stade, Adam et Ève ont tous deux étés bannis du jardin d'Éden. On pourrait supposer que Dieu les a abandonnés, ce qu'il n'a pas fait.

Tout au long du verset, vous pouvez voir comment Caïn et Abel ont fait des offrandes à Dieu, et seule l'offrande d'Abel a été acceptée. Il convient de noter que ni Dieu n'a accepté ni rejeté l'offrande de Caïn, ce qui a entraîné la colère de ce dernier. Les versets 6 à 8 de la Genèse mettent en évidence les éléments centraux des événements qui se sont déroulés entre Caïn et Abel. Il n'y avait que quelques détails essentiels, et rien de plus n'était nécessaire.

Au lieu de détails sur la façon dont Caïn a tué Abel, on nous donne des informations sur le fait que Dieu connaissait les événements qui se produiraient. Bien qu'il connaisse l'issue des événements, Dieu a quand

LA FEMME DE CAÏN N'ÉTAIT... 103

même permis à Caïn de se racheter avant de commettre le meurtre. Dieu exhorte Caïn à agir avec sagesse avant de commettre un meurtre, « *Faites la bonne chose.* » Si ce n'était de la reconnaissance par Dieu des émotions de Caïn, « *Pourquoi es-tu en colère et ton visage sombre ?* » Nous n'aurions jamais compris pourquoi Caïn a tué Abel.

Je crois qu'il y a trois points principaux à tirer de cette étude. En premier lieu, Dieu veut que Caïn réfléchisse en fonction de sa colère. Deuxièmement, Dieu avertit Caïn des répercussions de ses actions en lançant un avertissement : « *Et si vous ne faites pas la bonne chose, le péché se tient à la porte, attendant de bondir sur vous. Son désir est pour vous.* » C'est-à-dire ne pas tomber dans le piège de la colère et de la rage et faire quelque chose qui peut être regretté à l'avenir.

Peu importe à quel point Dieu est miséricordieux quand vient le moment où la punition est due, la rétribution sera servie. Les versets 9 à 12 sont les passages qui traitent de ce sujet. On peut voir d'après ce qui précède que la conséquence de Caïn pour avoir tué Abel était légère, quelle que soit sa conscience de ce qu'il avait fait. En raison des circonstances, nous pouvons conclure qu'il s'agit d'une question assez compliquée. Le Seigneur aurait pu dire qu'il connaissait la méchanceté de Caïn et l'a banni immédiatement, mais au lieu de cela, il a demandé à Caïn de se confesser d'abord pour éliminer tout doute et peut-être pour éviter de mal comprendre ce verset ;

nous comprenons à quel point il est important de rester innocent jusqu'à preuve du contraire.

Caïn a été posé une simple question par Dieu, « *Où est ton frère ?* » mais il détourna la question en conséquence. Il ignorait la gravité de sa culpabilité, qui commençait à s'envenimer ici. Dieu aurait pu facilement expliquer les actions de Caïn et élucider ses actions devant lui, mais Dieu a choisi de lui donner le temps de réfléchir à ses actions. Caïn n'avait aucune raison d'avoir des remords car, à l'époque, il ne savait pas ce qu'était la mort. « Je ne sais pas, suis-je le gardien de mon frère ? est un témoignage de ce fait, succinctement démontré par sa réponse quelque peu sarcastique.

Après avoir vu que l'approche indirecte pour amener Caïn à admettre ses actions ne fonctionnait pas, Dieu a fait une approche plus directe pour obtenir la confession de Caïn. Au verset 10, on a demandé à Caïn : « *Qu'as-tu fait ? J'entends les cris du sang de ton frère venant du sol.* » À ce moment, Caïn a été mis au courant de ses actes, et à ce stade, il n'y avait aucun doute dans son esprit qu'ils avaient tort. Cela signifie que Caïn reconnaît qu'il a commis le crime de tuer Abel et qu'il sera jugé en conséquence. « *La voix du sang de ton frère me crie depuis le sol* » implique qu'Abel demande justice à Dieu, mais étonnamment, ce n'est pas explicitement indiqué.

À partir des versets 11-12, la punition de Caïn pour ses actions est exposée. Dieu reconnaît non seulement que Caïn a commis un crime, mais il déclare également qu'une peine est justifiée. La punition de Caïn était double. Premièrement, le travail de Caïn a été rendu superflu, comme expliqué au verset 12, « *Quand vous travaillez la terre, elle ne vous donnera plus ses récoltes.* » Étant donné que l'occupation principale de Caïn était celle de « *laboureur du sol* » (fermier), son travail était rendu plus difficile en rendant ses récoltes moins généreuses et encombrantes à cultiver. Une autre déclaration dans ce verset se lit comme suit : « *Tu seras un agité et un vagabond sur la terre.* » Cela signifie que Caïn a été banni de la communauté où vivaient Adam et Ève.

On pourrait soutenir que la réponse de Caïn révèle la sévérité de la punition qu'il reçoit une fois qu'il comprend les conséquences. Une fois que Caïn se rend compte que sa punition est trop sévère à supporter, il se plaint qu'elle est un peu trop dure. Il dit : « *Mon châtiment est trop dur à supporter. Tu es sur le point de me chasser du pays, et je serai caché à tes yeux ; je serai un vagabond sur la terre, et quiconque me trouvera me tuera.* » Indépendamment de ses actions, Caïn se plaint que sa punition était trop sévère pour être tolérée. J'étais profondément blessé à l'idée qu'il avait été expulsé d'Éden et jeté dans un pays inconnu, ce qui devait être bouleversant pour lui. Caïn a été déraciné de sa famille et loin de sa vie confortable. Cependant, il reste vrai que Caïn craint pour sa propre vie car il sait que celui qui le trouvera risque de le blesser ou de le tuer sur-le-champ.

Ce n'est que lorsque nous lisons les versets 15-16 que la nature de cet événement devient claire. En prenant le quatorzième verset dans son ensemble, on pourrait en déduire que la punition de Caïn aurait été mort s'il avait été trouvé et tué. Cependant, Dieu change l'opinion de Caïn avec les mots Mais le Seigneur lui a dit : 'Pas ainsi ; quiconque tue Caïn subira sept fois la vengeance. Par conséquent, le Seigneur a mis une marque sur lui afin que personne qu'il a trouvé ne puisse lui faire de mal. a également été expulsé de la présence de Dieu en Éden. Pour ainsi dire, Dieu ne l'a pas complètement abandonné, mais plutôt, le privilège et la préférence dont il jouissait dans le jardin d'Éden n'existaient plus.

La punition et le bannissement de Dieu sont le reflet de sa miséricorde. On pourrait penser que Caïn aurait également dû être condamné à la peine de mort pour avoir tué son frère. Tous ceux qui lisent la Genèse (même lorsque les révélations sont parvenues à Moïse) connaissaient cette loi. La bonne nouvelle est que Caïn n'a fait face à rien de tout cela, et qu'il n'a pas non plus subi de punitions physiquement abusives. En fin de compte, Dieu n'a pas abandonné Caïn depuis qu'il s'est marié, a fondé une famille et a construit une ville. Toutes ces choses n'auraient pas pu être faites sans les conseils et l'aide de Dieu, n'est-ce pas ?

Bien que Caïn ait été puni et banni, il est intéressant de se rendre compte que sa punition n'était pas aussi « *sévère* » qu'on pourrait s'y attendre pour un meurtre. Peut-être que Dieu a été miséricordieux parce que c'était, bien

LA FEMME DE CAÏN N'ÉTAIT...

sûr, le premier meurtre de tous les temps. Jusqu'à ce moment-là, Adam, Ève, Caïn et Abel ne savaient rien du concept de la mort. Caïn frappant Abel n'aurait été qu'un moyen d'exprimer sa colère et sa frustration en l'agressant physiquement - il n'aurait jamais deviné le résultat.

8
SYMBOLE OU RÉALITÉ ?

IL Y A EU de nombreux problèmes soulevés par Genèse 4. Qui ont été étudiés en profondeur et résolus. La principale préoccupation sur laquelle nous nous sommes concentrés est de nous assurer que ces trois questions recevront une réponse :

1. D'où vient la femme de Caïn ?

2. Si Caïn a « trouvé » sa femme qui réside à Nod, à l'est d'Éden, cela n'implique-t-il pas qu'il doit y avoir d'autres personnes émigrantes là-bas,

LA FEMME DE CAÏN N'ÉTAIT... 113

ce qui fait qu'Adam et Ève ne sont pas les premiers habitants de la terre ?

3. Si le jardin d'Éden était, en fait, la première création sur terre, comment y a-t-il des terres à l'est de celui-ci ?

En lisant Genèse 4, nous sommes alertés et conscients qu'Adam et Ève ne pourraient pas être les premiers à occuper la Terre. C'est parce que cela indique que la terre à l'est d'Éden était habitée.

« Alors Caïn s'éloigna de la présence du Seigneur et habita dans le pays de Nod, à l'est d'Éden.

Caïn connaissait sa femme, et elle conçut et enfanta Énoch ; et il bâtit une ville, et donna à la ville le nom du nom de son fils, Énoch. » (Genèse 4 :16-17)

En fait, c'était le verset 14 qui signifiait à quel point la menace des autres était importante.

« *Voici, tu m'as chassé aujourd'hui de la terre, et de ta face, je serai caché ; et je serai un fugitif et un vagabond sur la terre, et quiconque me trouvera me tuera.* » (Genèse 4 :14)

Quelles sont les chances que Caïn soit trouvé par quelqu'un ? Selon la croyance populaire, Adam et Ève étaient les deux derniers survivants puisqu'Abel était déjà mort. Puis, après la rébellion de Caïn et la mort d'Abel, Adam et Ève ont conçu Seth comme remplaçant d'Abel.

« *Et Adam connut de nouveau sa femme ; et elle enfanta un fils, et appela son nom Seth : car Dieu, dit-elle, m'a établi une autre semence à la place d'Abel, que Caïn a tué. »* (Genèse 4 :25)

Au fil du temps, Seth a eu la chance d'avoir une femme et un fils à lui. Par conséquent, les épouses des deux hommes, Caïn et Seth, se sont retrouvées face à un dilemme très pénible. Bien qu'il ne soit pas impossible que la femme de Seth soit sa sœur, je suis toujours incapable de retracer les origines de la femme de Caïn.

Considérer tous les aspects

Les érudits pensent qu'Adam, Ève, Caïn et Abel n'étaient même pas des humains, car l'humanité était considérée comme un mythe par certains chercheurs. Il convient de noter qu'ils n'étaient que des représentations symboliques de notre chair et de notre âme, respectivement. En outre, le passage élabore également sur plusieurs caractéristiques fondamentales liées à la souffrance chez les êtres humains. Ceux-ci incluent la solitude, la peur et la colère ; trois des traits de personnalité humains les plus fondamentaux. Jusqu'à présent, il n'y a eu aucune explication satisfaisante pour concilier la contradiction entourant pourquoi Dieu a choisi d'accepter l'offrande d'Abel plutôt que d'autres offrandes. Il n'y a pas de raison précise derrière le choix de Dieu, donc ceux d'entre nous qui ont un intérêt à apprendre ce qu'implique la prise de sa décision ne peuvent pas faire plus que faire des suppositions éclairées sur la raison pour laquelle il a pris cette décision en premier lieu.

Alternativement, on pourrait aussi dire que l'offrande de Caïn a été rejetée, alors que l'offrande d'Abel a été acceptée, ce qui illustre le changement de mode de vie chez les Hébreux des tribus nomades (Caïn) aux tribus de bergers (Abel), ce qui démontre le passage du nomadisme à la stabilité dans leur mode de vie. Il convient de mentionner que le mot hébreu Nod est une autre façon de dire vagabond ou fugitif. Le fait que la femme de Caïn vienne de cette région est logique puisque cela se traduit par « errant » ou « vagabond, » reflétant la malédiction que Dieu lui a infligée en raison de son incapacité à cultiver. (Vous ne pouvez pas avoir à la fois un fermier et un vagabond).

Décrypter ces histoires n'est pas aussi facile qu'il n'y paraît car la situation implique plusieurs questions qui doivent être prises en relèvement. Notre principale préoccupation est liée au fait qu'au fil des siècles, nous avons perdu ou modifié des éléments fondamentaux du récit de la Genèse. Ces éléments sont essentiels à la compréhension de l'histoire. Lorsqu'il s'agissait de produire même un papier de n'importe quel type (parchemin), le processus prenait du temps et pouvait prendre une période considérablement longue avant qu'il ne soit finalement terminé. Cette technique était couramment utilisée à ses débuts pour ajouter et supprimer du contenu, ce qui était considéré comme une pratique courante. Le fait que les chercheurs aient été tenus d'interpréter ce qui était jugé nécessaire selon leurs propres normes pour prendre leurs décisions a créé une situation difficile pour les chercheurs.

L'histoire de Caïn et Abel (ou Adam et Ève collectivement) a été critiquée parce que la plupart des érudits ont du mal à faire la distinction entre un enseignement métaphorique et des faits réels. Supposons, par exemple, que nous soyons capables de dire que l'histoire d'Adam et Ève était basée sur des mythes et ouverte à l'interprétation d'une « image plus grande, » alors il est logique que Dieu l'ait fait. En général, les métaphores aident tout le monde à s'identifier, quelle que soit leur origine. Les interprétations de la littérature conduisent souvent à de longues discussions et débats, entraînant des malentendus.

Un facteur majeur contribuant au développement du mythe religieux est sa capacité à combler le fossé entre ce qui est considéré comme naturel et ce qui est considéré comme surnaturel. Il est également possible que les explications soient plus compréhensibles si elles étaient présentées de manière plus critique, sans utiliser de mythes ou de métaphores. Je crois que si nous évaluons l'Ancien Testament uniquement sur sa valeur superficielle, il est évident qu'il révèle les caractéristiques absolument les plus négatives de la race humaine. En ce sens, il serait redondant d'interpréter l'histoire d'Adam et Ève dans un contexte littéral sans lire entre les lignes.

En contemplant le châtiment de Caïn, on pourrait s'aventurer jusqu'à penser qu'il ne constituait pas vraiment une punition pour meurtre après tout. Caïn a été exilé d'Éden, mais il avait la marque de Dieu qui lui a accordé la protection. Malgré « l'errance », il a construit une ville et a finalement perpétué la lignée humaine. De semblable, même Adam et Ève ont reçu un avertissement ; s'ils mangeaient de l'arbre de vie, ils « mourraient sûrement » (Genèse 2 :17), mais ils ont survécu. De toute évidence, tout a un sens plus profond à tout.

Les « autres peuples » qui vivaient à l'est d'Éden pourraient avoir été une civilisation humaine passée qui aurait pu déplaire à Dieu d'une manière ou d'une autre, à tel point que leur existence n'est pas mentionnée dans la Bible dans une représentation plus symbolique.

Sur un plan métaphysique, la prise de conscience d'Adam et Ève qu'ils se sont incarnés et séparés de leur foyer divin, et ont pris la forme d'êtres physiques, est le début de notre sentiment de séparation de l'amour spirituel (le péché originel), qui peut être vu comme preuve de leur conscience d'eux-mêmes en tant qu'êtres physiques. Le départ de Caïn est la deuxième étape du processus. Elle consiste à nous éloigner du lien intérieur d'appartenance à notre famille spirituelle et à notre foyer. Nous apprenons à vivre sans les bénédictions et le confort qu'offre notre résidence divine.

Science moderne

Avant que la théorie du Big Bang ne soit développée au XXe siècle, les philosophes et les scientifiques se demandaient si l'univers résultait d'un moment donné. De plus, ils ont affirmé qu'il a toujours existé et existait auparavant dans le « passé infini ». Cette perspective suit la vision du monde philosophique des anciens philosophes, et de la même manière, elle suit la philosophie éthique du point de vue athée actuel. D'autre part, divers arguments logiques suggèrent que l'univers n'est pas infiniment vieux, comme la causalité. L'athéisme a principalement adhéré à l'idée que l'univers était infiniment vieux comme justification pour rejeter la nécessité de Dieu. Aucune preuve empirique n'était disponible pour la plupart du temps dans l'histoire prouvant que l'univers avait un « début » objectif.

Au cours de la première moitié du XXe siècle, plusieurs découvertes ont conduit à l'introduction de la théorie du Big Bang, qui a provoqué un changement radical de la situation. Mais personne qui soutient la théorie du Gig Bang ne peut dire l'âge de l'espace illimité et quel âge a le début des temps. Il y a du vrai dans le dicton selon lequel tout devrait avoir une cause, et la cause elle-même devrait avoir une raison. En d'autres termes, si Dieu disparaît un jour, l'univers entier deviendra une raison inconnue. Cette raison inconnue considérera Dieu, c'est pourquoi Dieu est la source de la raison inconnue.

Pendant plusieurs décennies, ceux qui préféraient l'idée d'un univers éternel ont fait de nombreuses tentatives pour expliquer les preuves empiriques, mais en vain. Le résultat a été que la science laïque a apporté un soutien considérable au récit de la création de la Bible.

En utilisant la théorie de la gravitation générale d'Einstein, publiée en 1916, il a été suggéré que l'univers doit continuer à se dilater ou à se contracter constamment. En d'autres termes, Einstein a ajouté la « constante cosmologique » à ses équations pour correspondre à son désir de maintenir la possibilité d'un univers statique et éternel. Le pionnier de la science a qualifié cet incident de « plus grosse erreur » de sa carrière.

Au cours des années 1920, Edwin Hubble a développé une théorie démontrant que l'univers était en expansion. La constante cosmologique d'Einstein a été contredite par cette découverte, qui a provoqué l'insatisfaction des astrophysiciens non croyants. Georges Lemaître, astronome et prêtre catholique romain, a largement contribué à leur malaise. Selon Lemaître, l'effet combiné de la théorie de la relativité générale avec les découvertes de Hubble implique que l'univers aurait pu commencer. On pourrait dire que l'univers est en expansion en ce moment. Cependant, l'univers entier aurait pu être contenu dans un endroit du passé lointain. La théorie du Big Bang est basée sur ce concept.

Au cours des dernières décennies, les physiciens ont tenté de sauver l'éternité de l'univers en proposant tout, du modèle de Milne (1935) à la théorie de l'état stationnaire (1948). Dans de nombreux cas (sinon la plupart), ces modèles ont été proposés explicitement parce que les implications d'un univers non éternel étaient « trop religieuses ».

La découverte du rayonnement de fond cosmique des micro-ondes en 1964 a remporté le prix Nobel, ce qui avait été prédit par les premiers théoriciens du Big Bang dans les années 1940. On peut dire sans aucun doute que la découverte a jeté les bases de l'idée que l'émergence de l'existence est une partie incontournable de la science actuelle. Au lieu de demander : « L'univers a-t-il eu un commencement ? » la question aurait dû être : « Comment l'univers a-t-il commencé ? »

Quelle que soit la façon dont on interprète les preuves du Big Bang, quelle que soit la façon dont on les interprète, c'est un exemple étonnant de l'intersection de la science et de la théologie. Selon la science objective et empirique, tout l'espace, le temps et l'énergie ont vu le jour ensemble en un seul instant - un « début ». Avant cet événement, quel qu'il soit, il n'y avait ni temps ni espace. Puis, soudain, une boule extrêmement dense, étonnamment chaude et nucléaire de quelque chose - tout - est apparue quelque part, d'une manière ou d'une autre sans explication, et a commencé à se développer rapidement avec tout notre univers à l'intérieur. Si elle est vraie, la théorie du Big Bang confirme le point de vue adopté par le judéo-christianisme pendant des milliers d'années.

LA FEMME DE CAÏN N'ÉTAIT...

L'astrophysicien Dr. Robert Jastrow l'a exprimé ainsi dans son livre « God and the Astronomers » (New York : W.W. Norton, 1978, p. 116): « Pour le scientifique qui a vécu par sa foi dans le pouvoir de la raison, l'histoire se termine comme un rêve terrible. Il a escaladé les montagnes de l'ignorance, il est sur le point de conquérir le plus haut sommet, alors qu'une voix articulée se hisse sur le dernier rocher, il est accueilli par une bande de théologiens comme s'ils étaient assis là depuis des siècles. »

Quel est le but de ceci ? Parce que, comme Jastrow l'a expliqué dans une interview ultérieure : « Les astronomes découvrent maintenant qu'ils se sont eux-mêmes peints dans un coin parce qu'ils ont prouvé, par leurs propres méthodes. Que le monde a commencé brusquement dans l'acte de création, auquel vous pouvez retracer les graines de chaque étoile. Dans le présent, chaque planète, chaque créature vivante dans ce cosmos, et ceux qui décriraient les forces surnaturelles au travail comme étant au mouvement sont présents. Je pense, un fait scientifiquement prouvé. » Avec Robert Jastrow Christianity Today, 6 août 1982, pp. 15, 18

Cet aspect des théories du Big Bang est significatif. Parce qu'avant que le concept n'entre en développement, l'idée que l'univers était sans cause, éternel et incréé était étroitement liée à l'hypothèse que Dieu n'existait pas. Ensuite, les non-croyants ont commencé à affirmer que ces avancées technologiques niaient en fait l'existence de Dieu en ces temps de plus en plus avancés. Un argument qui avait toujours soutenu la présence d'une essence divine a soudainement cessé d'être valable. Une affirmation qui avait été précédemment rejetée pour cette raison est soudainement devenue une affirmation qui prouvait que les athées avaient raison depuis le début.

Cette réponse doit être considérée comme malheureuse, car elle a conduit la communauté créationniste à offrir une réponse similaire. De même, de nombreux chrétiens ont suggéré que la théorie du Big Bang vise fondamentalement à saper le récit biblique de la création. Ceci est similaire à la façon dont les astronomes croient que la théorie de l'univers en expansion est une tentative d'introduire la religion dans la science.

Cependant, certains chrétiens croient que la théorie du Big Bang correspond à l'histoire de la création dans la Bible. Toute information pouvant révéler l'existence d'un commencement de l'univers, aussi convaincante soit-elle, serait bien accueillie par ceux qui examinent la théorie.'

Cela dit, il est pertinent de comprendre que la théorie du Big Bang n'est qu'une théorie. La nature exacte ou la cause de ce « début » n'a pas été explicitement prouvée par la science empirique, et elle ne peut pas non plus l'être.

Existe-t-il une possibilité que Dieu ait créé l'univers en utilisant le « Big Bang » comme moyen de création ? La prémisse elle-même, qui soutient que l'univers a vu le jour via une expansion rapide, a une bonne part de compatibilité avec le créationnisme biblique, à condition que nous reconnaissions que toutes les composantes et forces du big bang ont été générées par Dieu « à partir de rien » (Hébreux 11:3). Seules deux choses sont mentionnées dans les Écritures : que Dieu a créé les cieux et la terre (Genèse 1 : 1) et qu'il a créé l'univers (Psaume 33 : 6 ; Hébreux 11 : 3). La preuve qui semble pointer vers un « Big Bang » peut, en fait, pointer vers le premier acte créateur de Dieu, basé sur ce que nous savons de la première explosion atomique. Cela pourrait-il être le cas ? Il y a une possibilité pour cela.

La théorie du Big Bang, telle qu'elle est couramment présentée par la communauté scientifique, repose sur des présupposés athées. Ceci est contraire au récit biblique de la création qui s'est déroulée sur des milliers d'années. En ce sens, Dieu n'a pas créé l'univers à travers le « Big Bang », il n'y a donc aucun lien entre la conception de Dieu de l'univers et le Big Bang.

9
LA FEMME DE CAÏN : SŒUR OU ÉTRANGÈRE ?

Les gens ont émis l'hypothèse que Caïn avait peut-être épousé une femme qui n'était certainement pas sa sœur. C'est parce qu'elle n'est pas originaire d'Éden et qu'il n'y a aucun moyen pour elle d'avoir une relation avec Ève. Il faut dire que les érudits religieux ignoraient généralement son existence car même la Bible n'attribue aucune signification à sa vie. Il a également été suggéré que Caïn a rencontré sa femme au pays de Nod, ce qui implique qu'elle n'était pas une descendante d'Adam et Ève. Comme les partisans d'une interprétation littérale de la Genèse, ceux qui favorisent une approche qui prend la Genèse au pied de la lettre sont tout aussi prompts à souligner que Genèse 4 : 17 nous informe que « *Caïn connaissait sa femme* », c'est-à-dire qu'il avait eu des relations sexuelles avec elle en ce moment, mais ils ne s'y sont pas rencontrés. Comme décrit dans la Bible, « *Caïn connaissait sa femme, et elle conçut et enfanta Énoch. Il construisit une ville et la nomma d'après son fils, Énoch.* » (Genèse 4 :16-17)

Je suis peut-être dans une position unique pour répondre à la question de savoir si Caïn a épousé sa sœur ou non, sur la base de l'histoire de cette famille

LA FEMME DE CAÏN N'ÉTAIT... 137

qui remonte à des centaines d'années. Elle est considérée par de nombreux cercles religieux comme l'une des théories les plus controversées de notre époque. Cela est dû à l'intense controverse centrée autour de cette théorie à travers le temps. Bien que nous reconnaissions que les croyances religieuses et les croyances varient d'un individu à l'autre, examinons d'autres théories expliquant pourquoi la femme de Caïn n'était pas sa sœur plutôt que parce que c'était illégal.

Alors, considérons ceci : Le troisième fils d'Adam et Ève, Seth a épousé sa sœur, un autre exemple ; La femme d'Abraham était sa sœur, il n'était donc pas illégal pour des frères et sœurs de se marier. Si nous regardons 2 Samuel 13 NLT :

3 Mais Amnon avait un ami très rusé : son cousin Jonadab. Il était le fils du frère de David Shimea. 4 Un jour, Jonadab dit à Amnon : « Quel est le problème ? Pourquoi le fils d'un roi semble-t-il si abattu matin après matin ?

Alors Amnon lui dit : « Je suis amoureux de Tamar, la sœur de mon frère Absalom. »

5 « Eh bien, dit Jonadab, je vais vous dire quoi faire. Retournez au lit et faites semblant d'être malade. Quand ton père viendra te voir, demande-lui de laisser Tamar venir te préparer à manger. Dites-lui que vous vous sentirez mieux si elle le prépare sous vos yeux et vous nourrit de ses propres mains. »

6 Alors Amnon se coucha et fit semblant d'être malade. Et quand le roi vint le voir, Amnon lui demanda : « Je t'en prie, laisse ma sœur Tamar venir cuisiner mon plat

LA FEMME DE CAÏN N'ÉTAIT... 139

préféré[b] pendant que je regarde. Alors je pourrai le manger de ses propres mains. » 7 David accepta donc et envoya Tamar chez Amnon pour lui préparer de la nourriture.

8 Quand Tamar arriva à la maison d'Amnon, elle se rendit à l'endroit où il était couché pour qu'il la regarde pétrir de la pâte. Puis elle lui a cuisiné son plat préféré. 9 Mais lorsqu'elle posa le plateau de service devant lui, il refusa de manger. « Que tout le monde sorte d'ici », a dit Amnon à ses serviteurs. Alors ils sont tous partis.

10 Puis il dit à Tamar : « Maintenant, apporte la nourriture dans ma chambre et donne-la-moi ici. » Alors Tamar lui apporta son plat préféré. 11 Mais comme elle le nourrissait, il la saisit et lui dit : « Viens te coucher avec moi, ma sœur bien-aimée.

12 « Non, mon frère ! » elle a pleuré. « Ne sois pas stupide ! Ne me fais pas ça ! De telles choses mauvaises ne se font pas en Israël. » 13 *Où pourrais-je aller dans ma honte ? Et vous seriez appelé l'un des plus grands imbéciles d'Israël. S'il vous plaît, parlez-en simplement au roi, et il vous laissera m'épouser.*

Selon les versets ci-dessus, les mariages entre frères et sœurs à cette époque n'étaient pas considérés comme une pratique interdite. De plus, le récit biblique de Caïn a été contesté dans de nombreux autres contextes. Prenez, par exemple, la question suivante : Si toute l'humanité descend d'Adam et Ève, alors d'où la femme de Caïn est-elle descendue ? De plus, on peut se demander, si Caïn épouse sa sœur, n'est-ce pas un acte d'inceste ? Pourriez-vous, s'il vous plaît, fournir des informations générales sur les personnes mentionnées ? Dans

LA FEMME DE CAÏN N'ÉTAIT... 141

une situation opportune, ne serait-il pas logique de présumer que la progéniture de Caïn subirait une dégradation s'il épousait sa sœur ? Il y a toujours beaucoup de théories et d'arguments différents qui suivent chaque fois qu'il y a une conversation sur le mariage de Caïn.

Suivant un chemin similaire à ces arguments, de nombreux érudits pensent que la femme de Caïn était une progéniture d'humains pré-adamiques, une race qui a parcouru la Terre avant Adam et Ève. Cependant, cet argument donne naissance à d'autres problèmes car, selon l'Écriture, Adam fut le premier homme créé (Genèse 2 :7, 18-19 ; 1 Corinthiens 15 :45). De même, selon les Écritures (Genèse 3 :20), Ève a reçu son nom parce qu'elle était classée comme la mère de toutes les créatures vivantes. Par conséquent, l'idée que Caïn épouse une progéniture pré-adamique est exclue car il n'y a aucune preuve de leur existence si nous voyons les choses à travers le prisme de la religion.

Alors, où Caïn a-t-il trouvé sa femme ? N'est-il pas intrigant de contempler qu'Adam et Ève ont pu avoir deux fils, Caïn et Abel, de qui Caïn a-t-il eu sa femme ? Bien que les sceptiques bibliques posent souvent de telles questions pour tester leurs connaissances, la Bible contient suffisamment d'informations pour répondre de manière satisfaisante à ces questions. Les informations suivantes sont fournies dans le troisième et quatrième chapitre de la Genèse.

1. Ève était la mère de toutes les créatures vivantes (Genèse 3 :22).

2. Le temps s'est écoulé entre la naissance de Caïn et son offrande du sacrifice rejeté par Dieu.

3. Suite à son bannissement pour devenir un vagabond et un fugitif, Caïn craignait que quiconque le trouvant ne le tue.

4. Dieu a mis en place un signe pour protéger Caïn, indiquant que ses frères et sœurs ou ses proches pourraient essayer de le tuer.

5. Par la suite, Caïn eut une relation avec sa femme au pays de Nods. (Genèse 4 :3)

Adam était probablement un adulte lorsque Caïn et Abel sont nés puisque l'histoire indique qu'Adam a été créé plutôt que né. Cela suggère qu'il était un homme mûr lorsqu'il a vu le jour. En conséquence, Adam n'est pas beaucoup plus âgé que Caïn si nous comparons le temps entre la création d'Adam et la naissance de Caïn si nous prenons l'âge cumulé de la création d'Adam à la naissance de Caïn. Si nous considérons les dates de l'expulsion de Caïn de la présence de Dieu peu de temps après avoir offert son premier sacrifice, Caïn et son frère Abel pourraient raisonnablement être considérés comme étant âgés d'environ quinze à trente ans au moment du bannissement. Les preuves bibliques nous ont amenés à formuler ces hypothèses sur la base des preuves données dans la Bible.

Dans le cas de la femme de Caïn, il n'est pas clair qu'elle était la fille d'Ève du point de vue de la Bible.

Nous avons déjà établi un fait historique que l'inceste n'existait pas à cette époque de la manière dont on le connaît aujourd'hui. La décision de Caïn de ne pas épouser sa sœur n'était pas un jugement personnel qu'il a porté, peu importe si, à ce moment particulier, cela lui semblait acceptable.

Nous sommes assez loin de la perfection originelle atteinte par nos anciens ancêtres, une estimation qui illustre quel âge avons-nous actuellement ? Il peut y avoir d'autres facteurs que les gènes et l'hérédité qui influencent nos vies. Dans des études récentes, telles que celles parues dans le (Journal of Genetic Counseling,) il a été suggéré que le risque de troubles du développement chez les enfants avec des cousins pourrait être inférieur à ce que l'on croyait auparavant. Le scénario le plus raisonnable supposerait que ces problèmes ne sont pas devenus une préoccupation sérieuse pendant la génération d'Adam ou même avant celle de Noé.

Il existe une autre spéculation qui peut être faite sur la base de la religion yézidie, qui a ses racines dans la foi perse pré-zoroastrienne dans les pays occidentaux, concernant la détermination si sa femme est sa parente ou non.

Dans la mythologie juive ancienne, il y a une affirmation qui réfute l'affirmation selon laquelle Ève était la première femme. Ce mythe suggère qu'il y avait une femme avant Ève appelée Lilith. En tant que membre égal de la race humaine comme Adam et Ève, Lilith a émergé du sol avec Adam parce qu'elle a été créée par Dieu, tout comme Adam. En raison de sa conviction qu'elle était égale à son mari et n'avait pas droit à la domination d'Adam, Lilith n'a pas obéi aux ordres de son mari. Dans le jardin d'Éden, Lilith et Adam vivaient ensemble. La rébellion de Lilith, cependant, l'a forcée à choisir entre suivre docilement son mari ou quitter le jardin d'Éden. Lilith n'était pas prête à renoncer à son indépendance. Elle a donc décidé de quitter Adam et le jardin d'Éden. En conséquence, la première femme créée a été exilée dans une région proche de la mer Rouge. Lilith a été envoyé un ange par Dieu pour la persuader de retourner au jardin d'Éden, mais elle a refusé de revenir.

La souffrance n'a pas duré longtemps après qu'Adam ait été privé de sa femme, et il se sentait seul. Au moment où Dieu a observé Adam se débattre dans l'isolement, il a pensé qu'une nouvelle femme devait être créée, alors il a créé Ève. Le rejet du Créateur par Lilith l'a amenée à devenir un être démoniaque. Dans l'état dans lequel elle a pris sa forme démoniaque, elle a reçu la capacité d'infliger des maladies aux nouveau-nés. Lors de la tentative de ramener Lilith à Éden, des amulettes portant les noms des anges qui ont tenté de la ramener ont été données aux enfants. Ces amulettes servaient de protection contre le mal. À la lumière de ces contes, on peut conclure que Lilith était jalouse de l'existence heureuse d'Adam et Ève au paradis. En réponse à cette trahison, elle a pris la forme d'un serpent et a trompé Ève. Elle l'a forcée à manger le fruit défendu comme moyen de vengeance, provoquant ainsi l'expulsion du couple.

L'histoire de Lilith est assez connue. Pourtant, cette version n'est pas présente dans la Bible chrétienne, que les catholiques et les protestants rejettent. Le mythe de Lilith se retrouve dans la mythologie hébraïque, babylonienne, sumérienne et assyrienne. La figure de Lilith en Mésopotamie était considérée comme une divinité maléfique. Lorsqu'elle était associée à la lune, elle était considérée comme une déesse avec différentes phases et, par conséquent, différentes humeurs. Par cohérent, elle pourrait être considérée comme la déesse de la fertilité et le diable à son doigt. Certaines théories affirment que l'absence de Lilith de la Bible a été créée lors des conciles qui définissent les livres canoniques qui constitueront la Bible telle que nous la connaissons aujourd'hui.

Lorsque nous parlons de ce mythe en yézidis, ils pensent que Lilith a peut-être eu des enfants avec Adam avant qu'il ne soit consommé avec Ève. Ils déclarent en outre qu'après son exil du jardin d'Éden, Lilith a pris ses enfants et a vécu en Mésopotamie ou en Canaan. Ils mentionnent en outre que les habitants du Moyen-Orient portent le sang de Lilith. Cependant, cette théologie n'est rien d'autre qu'un mythe qui soulève la possibilité que s'il y avait une autre lignée que celle d'Ève, il est possible que la femme de Caïn soit du sang de Lilith et non d'Ève.

Considérant que nous suivons la ligne d'argumentation, nous pouvons conclure qu'il n'y a pas de réponse correcte à cette question, seulement plus d'arguments. En ce qui concerne la question, il y a beaucoup de controverse parmi les croyants. Les nombreuses discussions sur les croyances à adhérer m'amènent à croire que chacun doit rester fidèle à ses convictions personnelles, peu importe ce que les autres suggèrent ou disent. De nombreuses questions sont restées sans réponse concernant Adam ; par exemple, pourquoi a-t-il fallu 130 ans pour avoir un troisième enfant ? Il a eu tant de filles, selon certaines légendes. Il semblerait étrange que Caïn épouse sa nièce ou sa sœur. Sur ces trois fils, un a été assassiné très jeune, un a disparu (Caïn lui-même) et le troisième est né après son mariage.

10
TERRE DE NOD & LE CHÂTIMENT DE CAÏN

ON DIT QUE CAÏN a été puni par Dieu pour avoir brutalement tué son frère Abel. En guise de punition, il a été exilé au « Pays de Nod », un endroit situé à l'est d'Éden, après avoir commis cet acte odieux. Selon la Bible : « *Alors Caïn s'éloigna de la présence de l'Éternel et s'établit au pays de Nod, à l'est d'Éden* » (Genèse 4 :16). Il y a toujours des recherches en cours menées chaque jour sur l'emplacement de « la Terre de

Nod » par des anthropologues et des universitaires du monde entier. Selon certaines sources, il était situé quelque part au Nigeria, tandis que d'autres disent que l'emplacement était un endroit entièrement fictif qui n'existait même pas. Apparemment, seul un passage de la Bible y fait référence.

Les érudits possédant une compréhension profonde de toute la mythologie de Caïn et d'Abel, en revanche, ont de nombreuses suggestions sur l'endroit où Éden a pu se trouver. Ils affirment qu'il est situé à la tête du golfe Persique dans le sud de la **Mésopotamie**, actuellement l'***Irak***. Généralement, vous pouvez le trouver au point où les fleuves Tigre et Euphrate se jettent dans la mer et en Arménie.

LA FEMME DE CAÏN N'ÉTAIT... 155

Selon Genèse 4 :13-16, alors qu'il était exilé, « *Caïn dit au Seigneur : 'Ma punition est plus que je ne peux supporter. Aujourd'hui, tu me chasses du pays, et je serai caché de ta présence ; Je serai un vagabond agité sur la terre, et quiconque me trouvera me tuera.' Mais le Seigneur lui dit : 'Pas ainsi ; quiconque tue Caïn subira sept fois la vengeance.' Alors le Seigneur mit une marque sur Caïn afin que personne qui le trouverait ne le tue. Alors Caïn sortit de la présence du Seigneur et habita dans le pays de Nod, à l'est d'Éden.* »

Caïn était destiné à vivre une vie d'étranger parce qu'il a été puni pour ses péchés après avoir été retiré du jardin où vivaient Adam et Ève. Les érudits pensent que Caïn s'est installé dans une région communément appelée « l'est d'Éden » après avoir été retiré du jardin où vivaient Adam et Ève. Il y a deux interprétations de la façon dont le mot Nod est traduit en hébreu : fugitif, exilé ou vagabond, et c'est pour la même raison que Dieu a dit de Caïn : « Tu seras un fugitif, et tu erreras sur la terre » (Genèse 4 :12). La Bible affirme que Caïn était censé errer pour le reste de sa vie. Puisque c'est le cas, quel que soit l'endroit où il se serait retrouvé, il serait considéré comme le pays des vagabonds. Parce qu'après tout, il était censé errer toute sa vie.

Bien que Dieu l'ait exilé de sa patrie, Caïn a décidé que quoi qu'il arrive, il vivrait hors de la présence de Dieu. Examinons l'histoire de plus près. Si vous considérez attentivement la punition de Caïn pour être devenu un vagabond et un fugitif, vous verrez qu'il avait perdu tout sentiment d'appartenance et d'identification à une communauté. Les activités décrites précédemment ont amené Caïn à vivre sans ses parents et à s'absenter de son frère, qui a été victime de ces activités. À la suite de ses péchés et des directions terribles qu'il avait prises après son exil, il se retrouva naufragé. Deuxièmement, il est devenu un individu impie et creux qui vivait au Pays de Nod.

Malheureusement, après s'être séparé du Seigneur, Caïn a construit une société totalement détachée de Dieu. Il était devenu sans Dieu jusque-là. La Bible déclare que ses enfants ont finalement suivi son chemin et ont établi une civilisation impie (Genèse 4 : 16-24).

Caïn a-t-il vraiment été puni ?

Des érudits religieux, des anthropologues et des chercheurs ont travaillés et se sont concentrés sur ce sujet pendant un certain temps depuis et même longtemps. Le Seigneur l'a exilé au pays de Nod sur la base du récit de la Bible, et il a été condamné à y vivre pour le reste de ses jours. Après une profonde réflexion sur le bannissement de Caïn et l'ensemble du scénario, on prend conscience que Caïn a mécontenté Dieu en tuant son frère. Il a reçu des punitions, y compris l'exil et l'incapacité de cultiver de la nourriture. La seule chose que l'on puisse dire est qu'à ce moment-là, il a reçu un niveau élevé de protection de la part de Dieu. Rien n'indique que Caïn ait erré dans un endroit spécifique de l'histoire après son exil, comme cela a été mentionné à plusieurs reprises dans la Bible. En conséquence, il est devenu l'un des bâtisseurs de villes les plus importants et les plus prospères de son époque.

Les chercheurs suggèrent que la « marque de Caïn » est traditionnellement comprise comme une marque négative et ne peut pas être considérée comme un signe heureux ou positif. La Bible décrit Caïn comme un intouchable, mais en y regardant de plus près, nous découvrons qu'il s'agit en fait d'une empreinte divine qui le protège d'une forte opposition et d'ennemis (Genèse : 15). Il est difficile de dire comment vous allez voir ce point, mais Caïn a atteint un statut social exceptionnel et un avenir radieux. Même s'il ne pouvait pas cultiver selon ses préférences, il a réussi à mener une vie stable malgré son exil. Caïn n'a pas erré sans but à l'est d'Éden, comme l'ont suggéré certains chercheurs. Au lieu de cela, il a obtenu un succès considérable en tant que constructeur de villes. L'évidence montre que Dieu n'a pas accompli la menace qu'il a faite si vous n'interprétez pas sa parole au-delà des circonstances réelles. Qui sait, peut-être que ses paroles visaient simplement à l'intimider. Des milliers d'études sont encore en cours sur ce sujet sensible.

Le Pays de Nod

Après quelques années d'exil, Caïn s'installe dans une région désolée connue sous le nom de Nod dans la Bible. Fait intéressant, Nod est le mot hébreu pour errer. Cela s'est produit lors de l'incident où Caïn a assassiné Abel, comme décrit dans la Bible. L'Ancien Testament déclare que Dieu a exilé Caïn d'Éden à cause de sa méchanceté. Parce que Dieu a condamné Caïn à s'éloigner de ses parents et de ses frères et sœurs en exil, les érudits pensent que le pays de Nod devrait être considéré comme un lieu où vivent les vagabonds. Il est également courant aujourd'hui de se référer à des personnages historiques de cette manière. Par exemple, vous trouverez de nombreux bâtiments historiques intéressants dans l'état de la avancée supérieure du Michigan sans noms. Les premiers explorateurs qui ont traversé la région habitaient des villes avec des titres comme Michillimakinac et Sault Ste. Il y avait aussi des villes avec le nom de L'Anse. L'identité de bon nombre de ces lieux est restée non attribuée jusqu'à ce qu'ils soient officiellement nommés. Plusieurs années après, ces zones ont été nommées. Il y a très peu de fois où l'on entend des phrases telles que "il s'est installé à l'endroit qui, éventuellement, serait connu sous le nom de. . . ." Cependant, des textes similaires peuvent également être trouvés dans la Bible.

Auparavant, les lieux géographiques et historiques importants étaient identifiés par les noms qu'ils avaient acquis au fil du temps. Peu importe l'âge d'un lieu, son nom n'était pas déjà connu sous le nom de Nod lorsque Caïn est revenu sur la terre après avoir été exilé. Le lieu où Caïn s'est installé est devenue connue sous le nom de Nod après son arrivée dans cette région et est devenue initialement connue

LA FEMME DE CAÏN N'ÉTAIT... 163

sous le nom de Terre d'errance; Caïn s'est marié et a eu des enfants après s'être installé dans le pays, selon une théorie populaire. Les descendants de ces colons ont pu occuper les terres précédemment occupées par leurs ancêtres. Il reste à voir s'ils ont suivi le même chemin que Caïn et sont restés sans Dieu.

Alternativement, certains chercheurs affirment que le Pays de Nod n'est pas un lieu réel mais un lieu symbolique ou figuratif. Ils le considèrent comme un lieu d'imagination qui a été utilisé pour nous enseigner de précieuses leçons au fil des ans. Pendant les pérégrinations de Caïn, toute région explorée par Caïn était considérée comme faisant partie du Pays de Nod. Par conséquent, aucun nom approprié ne peut être attribué à la région. De plus, certains chercheurs ont déclaré que la terre biblique de Nod représente un état d'exil, de chagrin et de deuil. Ils suggèrent que l'endroit a été nommé Nod parce que Caïn y a été exilé.

Certaines personnes ont également soutenu que cet endroit symbolisait la distance croissante entre Dieu et l'humanité. En bref, il n'est pas considéré comme un état positif ou heureux de résider. Quoi qu'il en soit, Caïn y a été envoyé en guise de punition. Le premier couple avec un fils, Adam et Ève, vivait en Éden, où ils étaient proches de Dieu. Cependant, leur fils a erré vers l'est en même temps.

Josephus a écrit dans (Antiquities of the Jews) (c. A.D. 93) que Caïn n'a pas mis fin à sa méchanceté. Il a continué à marcher sur le même chemin même à Nod. Les chercheurs affirment qu'il recourait à la violence et au vol, établissait des poids et mesures, transformait la culture humaine de l'innocence en ruse et tromperie, établissait des limites de propriété et construisait une ville fortifiée.

L'histoire est pleine de diverses interprétations de Dieu. Certains érudits affirment qu'il est dit être en dehors de la présence consciente et du visage de Dieu. Origène a défini Nod comme la terre du tremblement et a écrit qu'il symbolisait la condition de tous ceux qui abandonnent Dieu. Comme mentionné précédemment, il ne s'agit pas d'un endroit agréable. Plusieurs commentateurs du monde antique ont littéralement qualifié Nod d'opposé d'Éden (pire que la terre d'exil pour le reste de l'humanité). Selon la tradition anglaise, il était parfois décrit comme un désert habité uniquement par des bêtes féroces ou des monstres. Maintenant, c'est encore plus effrayant. D'autres interprètent Nod comme sombre ou même souterrain - loin de la face de Dieu et de sa félicité.

11
Nièce ou sœur ?

Dans l'histoire de l'humanité, la femme de Caïn a toujours été la femme dont on parle le plus au monde. Je crois qu'il est universellement reconnu qu'elle a joué un rôle important dans l'un des cas les plus célèbres de l'histoire. Ceci est connu sous le nom de « Scopes Trial, » dans lequel la crédibilité historique des textes bibliques a été remise en question. Un acte public comme celui du stylisme a été orchestré par le Tennessee pour faire connaître une petite ville, Dayton, en tant que destination touristique influente. Après qu'un professeur de lycée ait été pris dans la controverse pour avoir transgressé la loi Butler en enseignant l'évolution humaine dans une école subventionnée par le gouvernement, l'incident est passé au premier plan. Même si Scopes n'était pas sûr de ce qu'il faisait, il s'est incriminé par l'acte d'avouer, permettant ainsi à l'affaire d'avancer. Il y a eu un procès, et lors d'une des audiences, Clarence Darrow, l'avocat réputé de l'accusé, a perplexe William Jennings Bryan en lui demandant une chose à laquelle aucun chrétien n'avait jamais été en mesure de répondre : Avez-vous déjà découvert où Caïn a eu sa femme ?

Si la question posée peut sembler inoffensive à première vue, la manière dont elle est présentée fait peser un risque sur l'ensemble du cadre dans lequel s'est construit le christianisme. Depuis lors, il y a eu une augmentation de la controverse entourant son existence. Il est devenu évident que la controverse entourant son identité est devenue plus complexe que jamais ces dernières années. Il n'est pas rare que des personnes qui ne croient pas en la Bible disent que la Bible ne fournit aucune explication sur ses origines. Par conséquent, ils sont obligés de se demander s'il a l'intention de représenter sa position sur la question de manière efficace et précise. Ils aiment l'exploiter et l'incarcérer pour faire avancer leurs agendas égoïstes. Prenant toute la Bible comme un livre d'histoire moderne, tout lecteur qui essaie de la comprendre comme un livre d'histoire actuelle aura du mal à comprendre pleinement ses concepts s'il l'aborde de cette façon. En plus du style et de la méthode particuliers utilisés pour interpréter ou traduire des textes anciens, les antécédents et la génération de la personne effectuant l'interprétation ou la traduction peuvent également influencer la traduction ou l'interprétation.

La Bible sera déroutante et insatisfaisante pour les lecteurs s'ils tentent de l'utiliser comme texte historique. L'une des principales raisons pour lesquelles les érudits religieux ne recommandent pas cette méthode est que son résultat final peut laisser les lecteurs confus. Selon le récit biblique, il y a des lacunes dans l'histoire. Les esprits humains sont trop curieux pour ne pas remarquer ces lacunes tout en vivant de la même manière qu'ils le font aujourd'hui. Ayant pris conscience de cette lacune lancinante, j'ai décidé d'aller de l'avant car je voulais remettre les pendules à l'heure concernant la femme de Caïn et son existence.

Ceux qui croient en la foi chrétienne croient surtout que la femme de Caïn est sa sœur ou sa nièce. Un argument peut être avancé concernant la croyance qu'Adam et Ève ont été les premiers humains à exister. On peut également tirer des conclusions sur les conséquences de ces erreurs. À la lumière de cela, avez-vous entendu quoi que ce soit qui indique que cette croyance pourrait être l'un des facteurs sous-jacents de la confusion entourant son existence ? Dans le chapitre suivant, nous aborderons ce sujet plus en détail. Cependant, avant de faire cela, permettez-nous d'examiner la raison pour laquelle certaines personnes croient que la femme de Caïn était sa nièce. Ceux qui prétendent que la femme de Caïn soit sa nièce affirment que même si Caïn et Abel sont mentionnés dans la Bible, ils ne signifient pas nécessairement qu'ils étaient les seuls enfants qu'Adam et Ève aient eu à cette époque. Néanmoins, il a été suggéré qu'il pourrait y avoir eu d'autres fils qui avaient des femmes et des filles. Cela expliquerait la femme de Caïn comme sa nièce, ce qui expliquerait sa relation avec Caïn.

Une autre preuve à l'appui de ces affirmations est l'absence de mention dans la Bible des âges de Caïn et d'Abel ; au moment du meurtre d'Abel. Le moment exact de son meurtre ne peut être établi car il n'y a pas suffisamment d'informations dans le dossier. Par conséquent, la spéculation est autorisée quant à son heure et son emplacement exact. Pour être considérés comme la nièce de Caïn, les deux frères doivent être plus âgés et avoir des enfants avant que la femme de Caïn puisse être considérée comme sa nièce. Pour expliquer que la femme de Caïn soit sa nièce, nous devons supposer qu'Abel avait des enfants. Il faut demander à la fille d'Abel pourquoi elle épouserait l'assassin de son père. Comment pourrait-on encore prouver qu'Abel est marié et possède un enfant alors que Caïn, qui est plus âgé que lui et concurrent, n'a pas d'enfant ?

Et il engendra Seth, les jours d'Adam cent trente ; et il engendra des fils et des filles.

Ainsi, tous les jours qu'Adam vécut, furent de neuf cent trente ans ; et il est mort

- Genèse 5 : 3, 4

On peut voir dans le verset qu'Adam était un homme de cent trente ans lorsqu'il a donné naissance à Seth, ce qui est écrit dans ce verset. Puisque la Bible mentionne clairement Seth comme le troisième fils d'Adam, et puisque l'interprétation de la femme de Caïn comme étant sa nièce n'a pas changé le fait que Seth est le troisième fils d'Adam, il est raisonnable de supposer que Seth est le troisième fils d'Adam si nous ignorons l'interprétation de Caïn. Même si Caïn est né avant Seth, je veux que vous vous souveniez que Seth n'est pas né avant Caïn. Le lecteur doit comprendre qu'au cours des siècles, la Bible a été traduite et interprétée par de nombreuses personnes. Par conséquent, le lecteur doit être conscient de ce fait. Dans les narrateurs juifs, il est courant de donner des noms aux personnages féminins dans le texte. Cependant, cette pratique est moins courante chez les traducteurs chrétiens qui l'utilisent pour introduire de nouveaux noms de personnages. Par conséquent, nous pouvons conclure de l'interprétation hébraïque de la Genèse qu'elle met l'accent sur l'importance de l'identité des filles d'Adam et Ève de la même manière qu'elle met l'accent sur l'importance des noms de leurs fils tout au long de l'histoire.

L'affirmation de Nièce est basée sur ces deux points et s'aventure plus loin sur une adjacente qui tente d'expliquer comment les premiers récits de la Genèse sont documentés dans leur contexte historique. Il existe plus d'une version de l'histoire d'Adam et Ève dans la Bible, et les détails de ces événements diffèrent légèrement. Quant au fait qu'il existe plus d'une version de la Bible, je suis également d'accord avec leur affirmation. L'auteur de Jubilées, une publication juive qui a peut-être été imprimée au deuxième siècle, a qualifié Awan de fille d'Ève. Un autre écrivain ancien du premier siècle mentionne également Noaba comme l'une des filles de Ève. À l'époque commune, les interprétations juives et chrétiennes de l'Ancien Testament sont devenues de plus en plus complexes. Il y a longtemps, surtout au XIIe siècle, beaucoup de gens croyaient qu'Ève était la fille d'Adam et donc hermaphrodite. Je suis convaincu qu'il y a une part de vérité dans de

LA FEMME DE CAÏN N'ÉTAIT... 177

nombreuses affirmations enregistrées dans divers textes bibliques.

Il a déjà été expliqué dans les chapitres précédents de ce livre pourquoi la femme de Caïn ne pouvait pas être sa nièce. Le célèbre récit de la Genèse contient des incohérences probablement liées à la façon dont Dieu a tout créé deux fois dans le livre de la Genèse. Selon toute vraisemblance, ceux qui ne prennent pas le récit de la création au pied de la lettre n'auront aucun problème à accepter les incohérences de l'intrigue. Il ressort d'un examen plus approfondi que les deux histoires qui ont été écrites différemment et peuvent donc avoir été écrites par deux auteurs différents. Un livre intitulé Bible Odyssey va jusqu'à expliquer que deux œuvres littéraires distinctes sont si dissemblables qu'il est presque impossible de déterminer si elles proviennent de la même période ou du même siècle. Le lecteur sera confronté à de nombreuses difficultés pour accepter cela si l'on croit que le récit de la Genèse est un récit continu rédigé par Moïse.

Les récits et théories liés à l'origine de la femme de Caïn sont basés sur des preuves solides, contrairement aux affirmations selon lesquelles la femme était sa nièce. Les preuves indiquent que Caïn a été impliqué dans la mort d'Abel. Je me demande maintenant si Seth devait naître presque cent ans après sa nièce, d'où serait-elle venue ? Selon le texte biblique, Adam n'a eu que trois fils au début de sa vie. Par conséquent, il est clair que la théorie

LA FEMME DE CAÏN N'ÉTAIT... 179

sur les « autres enfants » n'apporte aucun soutien supplémentaire.

Et Caïn connut sa femme, et elle conçut et naquit Énoch. Et il bâtit une ville et appela le nom de la ville d'après le nom de son fils

—Genèse 4 :17

Un étudiant de la Bible et des lecteurs occasionnels doivent être conscients que tous les mots mentionnés dans la Bible ne doivent pas être pris littéralement. Par exemple, si le texte dit que Caïn connaissait sa femme, cela n'implique pas nécessairement qu'il la connaissait auparavant ; le mot lui-même peut avoir plusieurs interprétations. Cela pourrait également signifier qu'il l'a connue au pays de Nod lorsqu'il était en exil. C'était la seule fois où la Bible mentionnait la femme de Caïn sans son nom.

Enfin, il faut reconnaître que Caïn n'avait qu'un seul frère, Abel, à l'époque, ce qui signifiait que sa femme ne pouvait pas être sa nièce. Seth est entré en scène beaucoup plus tard dans le processus, et sa fille n'était pas capable de devenir la femme de Caïn. En ce qui concerne la femme de Caïn étant sa sœur, nous savons déjà qu'il a été contraint à l'exil après avoir tué son frère.

Caïn dit alors à son frère Abel : « Allons aux champs. » Pendant qu'ils étaient aux champs, Caïn attaqua son frère Abel et le tua.

—Genèse 4 :8

LA FEMME DE CAÏN N'ÉTAIT...

Caïn a été envoyé en exil comme punition alors qu'il craignait le désert et l'inconnu.

« *Ainsi, Caïn sortit de la présence de l'Éternel et habita au pays de Nod, à l'est d'Éden.* »

—**Genèse 4 :16**

Le récit de Caïn, comme mentionné ci-dessus, explique également pourquoi Caïn n'a pas pu communiquer avec ses sœurs et, par conséquent, pourquoi Caïn n'a pas pu épouser l'une d'entre elles. La question demeure à savoir qui Caïn a-t-il épousé ? Il semble qu'il y ait eu des gens sur Terre avant Adam. Si oui, est-ce que cela entre en conflit avec les croyances religieuses du christianisme selon lesquelles Adam était le premier homme et Ève était la mère de toutes les créatures vivantes ? Il est possible que l'explication à cela soit l'histoire racontée dans la deuxième version. Cela pourrait être dû à la façon dont le style d'écriture utilisé dans la première version diffère de la deuxième version. Il sera clair d'après le prochain volume de ce livre que la femme de Caïn n'était ni sa sœur ni sa apparentée. Nous obtiendrons des preuves solides qui prouvent cette conclusion au-delà de tout doute raisonnable.

12
BIBLIOGRAPHIE

Baker, S. (2020, September 30). *Cain and Abel - Bible Story*. Retrieved from Bible Study Tools: https://www.biblestudytools.com/bible-stories/cain-and-abel.html

Benjamin, K. (2022, April 23). *THE UNTOLD TRUTH OF ADAM AND EVE*. Retrieved from Grunge: https://www.grunge.com/147848/the-untold-truth-of-adam-and-eve/

Benner, J. A. (n.d.). *The Untold Story of Cain and Abel | AHRC*. Retrieved from

Ancient - Hebrew: https://www.ancient-hebrew.org/studies-interpretation/untold-story-of-cain-and-abel.htm

Daniel, D. T. (2018, July 7). *Cain in the Land of Nod*. Retrieved from Progressive Christianity: https://progressivechristianity.org/resources/cain-in-the-land-of-nod%E2%80%A8/

Genesis 4:1-26! The story of Cain and his heinous sin; yet, God remembered and. (n.d.). Retrieved from https://www.parkstreet.org/sites/default/files/papers/gen._4_print.pdf

Grigg, R. (2002, September). *Pre-Adamic man: were there human beings on Earth before Adam?* Retrieved 2002, from Creation: https://creation.com/pre-adamic-man

-were-there-human-beings-on-earth-before-adam

HAGERTY, B. B. (2011, August 09). *Evangelicals Question The Existence Of Adam And Eve*. Retrieved from NPR: https://www.npr.org/2011/08/09/139057812/evangelicals-question-the-existence-of-adam-and-eve

Hendel, R. (n.d.). *First Murder*. Retrieved from Bible Odyssey: https://www.bibleodyssey.org/en/passages/main-articles/first-murder

Knapton, S. (2015, May 27). *Was This The World's First Murder Victim?* Retrieved from Telegraph: https://www.telegraph.co.uk/news/earth/environment/archaeology/11633455/Was-this-the-worlds-first-murder-victim.html

Lacey, T. (2020, June 26). *Cain and Abel.* Retrieved from Answers In Genesis: https://answersingenesis.org/bible-characters/cain-and-abel/

Leith, M. J. (2013, December). *Biblical Views: Who Did Cain Marry?* Retrieved from Bas Library: https://www.baslibrary.org/biblical-archaeology-review/39/6/8

Ministry, V. B. (2010, January 02). *How did Cain and Abel know to sacrifice?* Retrieved from Verse By Verse Ministry: https://www.versebyverseministry.org/bible-answers/how-did-cain-and-ale-know-to-sacrifice

Project, T. (n.d.). *The First Murder (Genesis 4:1-25).* Retrieved from Theology of Work: https://www.theologyofwork.org/old-t

estament/genesis-1-11-and-work/people-work-in-a-fallen-creation-genesis-4-8/the-first-murder-genesis-41-25

Questions, G. (2022, January 04). *Why did God accept Abel's offering but reject Cain's offering?* Retrieved from Got Questions: https://www.gotquestions.org/Cain-and-Abel.html

Stewart, D. (n.d.). *Why Did God Reject Cain's Sacrifice?* Retrieved from Blue Letter Bible: https://www.blueletterbible.org/faq/don_stewart/don_stewart_714.cfm

Wikipedia. (2001, 10 16). *Adam and Eve.* Retrieved from Wikipedia: https://en.wikipedia.org/wiki/Adam_and_Eve

Wikipedia. (2003, March 06). *Cain and Abel.* Retrieved from Wikipedia:

https://en.wikipedia.org/wiki/Cain_and_Abel

Woman, D. (n.d.). *Adam, Eve, Cain, Abel, etc – What do their names mean?* Retrieved from The Diligent Woman: https://www.thediligentwoman.com/what-do-names-mean-adam/

Writer, S. (2014, January 02). *Where in the Scriptures does it say that God told Cain and Abel to bring a blood sacrifice?* Retrieved from Good Seed: https://www.goodseed.com/blog/2014/01/02/where-in-the-scriptures-does-it-say-that-god-told-cain-and-abel-to-bring-a-blood-sacrifice/

www.ingramcontent.com/pod-product-compliance
Lightning Source LLC
Chambersburg PA
CBHW071400210526
45465CB00001B/186